民宿花园

设计与营造指南

许哲瑶 编著

江苏凤凰科学技术出版社·南京

U0176312

图书在版编目（CIP）数据

民宿花园 ：设计与营造指南 / 许哲瑶编著. —— 南
京 ：江苏凤凰科学技术出版社，2023.1
ISBN 978-7-5713-3284-6

Ⅰ. ①民… Ⅱ. ①许… Ⅲ. ①旅馆－建筑设计－指南
Ⅳ. ①TU247.4-62

中国版本图书馆CIP数据核字(2022)第200885号

民宿花园　设计与营造指南

编　　　著	许哲瑶	
项 目 策 划	凤凰空间 / 段建姣	
责 任 编 辑	赵　研　刘屹立	
特 约 编 辑	段建姣	

出 版 发 行	江苏凤凰科学技术出版社
出版社地址	南京市湖南路1号A楼，邮编：210009
出版社网址	http：//www.pspress.cn
总 经 销	天津凤凰空间文化传媒有限公司
总经销网址	http：//www.ifengspace.cn
印　　　刷	北京博海升彩色印刷有限公司

开　　　本	710 mm×1000 mm　1 / 16
印　　　张	9
字　　　数	100 000
版　　　次	2023年1月第1版
印　　　次	2023年1月第1次印刷

标 准 书 号	ISBN　978-7-5713-3284-6
定　　　价	78.00元

图书如有印装质量问题，可随时向销售部调换（电话：022-87893668）。

前言

从明天起，做一个幸福的人，喂马，劈柴，周游世界。

从明天起，关心粮食和蔬菜。

我有一所房子，面朝大海，春暖花开。

——海子

清晨醒来，当你沐浴在灿烂的阳光中，膝上摊开一本书，手边一盏清茶，一处馥郁的花园，争相绽放的鲜花，一间简单的民宿，时间停留、静止在这一刻，告别了烦扰的城市喧嚣，把梦想过成生活，这种时光静好的生活方式一定是你向往的！

本书研究的民宿花园，是指民宿用地范围内除了建筑以外的部分，包括入口花园、泳池及休闲区、儿童活动场地、户外互动场地、"打卡"景点、园路平台还有角隅空间等。民宿花园以植物为主景，并放置长椅、设置草坪、踏步石、防水氛围灯，让整个花园显得清新雅致，主人可以坐在尽头的露台上欣赏园中的美景。经过精心设计，花园最终变成民宿主人和客人享受生活的好去处。

在民宿，生活就在森林旁、湖海边，人们所有的活动不仅亲近自然，而且适应自然。是啊，一个人越适应自然，生活就会越快乐。

编著者

2022 年春分

目录

第 4 章　角隅空间的巧妙利用

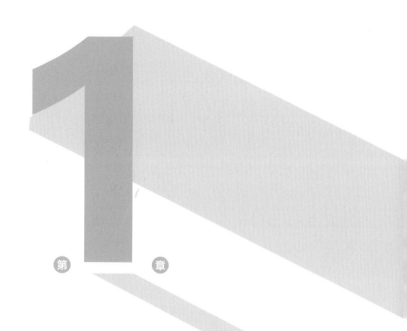

第一章

当民宿遇上花园

1. 民宿花园的功能分区

民宿花园从功能上划分，主要包括入口花园、泳池及休闲区、儿童活动场地、户外活动场地、屋顶花园等，每个功能区都具备必不可少的实用功能。

入口花园：民宿的门户。

泳池及休闲区：吸引目光的泳池和配套设施。

儿童活动场地：自然教育设施、功能性活动设施、亲子耕作区等。

户外活动场地：安静休息区、多功能活动区、户外就餐区等。

屋顶花园：屋顶烧烤、聚会、网红"打卡"点等。

2. 民宿花园的风格

常见的民宿或民宿型度假酒店大致可分为两类，一类是以自然环境为依托的民宿，另一类是以人文历史背景、民俗特色为依托的民宿。

以环境为依托的民宿，常位于自然景观优美的乡村、海边、风景区，最大的特色就是讲究民宿营造与自然环境相融合，绿水青山，同时也具有一定的私密性。

以人文背景为依托的民宿，常常分布在一些历史感厚重的城市或是文化街区、历史文化名村里，通过设计将当地历史与民宿相结合，保留本土文化，在设计上进行创新，充分满足那些对人文历史有着精神需求的客人。

民宿一定要有自己的品位和格调，不论是高端民宿酒店还是乡村民宿，只要身在民宿，就要能让人感到内心安宁、舒适。

（1）极简风民宿

极简风民宿又可细分为日式和风、北欧风两种，这两种风格给人的感觉是简洁、贴近自然，有一种家的温暖。当然，某些日式和风的民宿还会加入一些中国风元素，整体搭配也并不违和。北欧风注重线条清晰的家具搭配绿植，绿植是重点。

日式和风民宿（浙江嘉兴阿丽拉乌镇）

北欧风民宿（山东临沂沂蒙云舍）

（2）工业风民宿

工业风民宿给人一种酷酷的感觉，少了些许家的温馨，但也许正是因为它的个性，才让许多人欣赏和着迷。工业风的主要元素有黑、白、灰色系，以及铁艺、砖墙、水泥墙等。

工业风泳池

工业风民宿（广西桂林阿丽拉阳朔糖舍）

（3）田园风民宿

　　田园风民宿中的中式、美式、英式、韩式比较常见，容易被大众所接受。有些民宿甚至是几种风格混搭，家具和器物的选用还会加入中国风或日式和风的设计元素。

　　中式田园风大多以仿青砖贴面、硬山坡屋顶和雕刻精致的花格门窗扇等为装饰符号。美式田园风随性粗犷；英式田园风悠闲惬意，比较小资；韩式田园风则比较甜美淡雅。

中式田园风民宿（河南济源小有河东岸民宿）

日式田园风民宿（重庆杉语民宿）

英式田园风民宿

（4）民族风民宿

民族风民宿在设计上需结合区位特色，带有特定的文化底蕴和民族风情，有些是各民族特色的结合，也有单一民族特色的呈现，具有传承的意义。

民族风民宿（云南香格里拉阿若康巴南索达庄园）

（5）复古风民宿

　　复古风民宿设计中比较多见的是民国风和明清古风，由老宅改造而来。民国风在特殊时代背景下，有着中西方文化相互冲击产生的独特风格，既有中式风格的端庄大方，又有西式风格的开放热情。明清古风大多使用明清时期家具并加入新中式设计风格的家具器物与之相融合。

民国风民宿（浙江宁波书房）

明清古风民宿（北京书香阁）

民国风民宿（北京秋果四合院）

清代古风民宿（广东广州吾乡石屋精品民宿）

（6）异域风情民宿

在国内比较受欢迎的异域风情民宿中，摩洛哥风情民宿算是其中之一，橘黄色的构筑物外墙，蓝白色或绿白色相间的瓷砖，搭配上摩洛哥风格的地毯、抱枕、绿色的仙人掌和其他植物等，让人感觉舒适、温馨。

异域风情民宿（宁夏中卫南岸民宿）

3. 民宿花园的营造法则

（1）精准定位，让你的花园与众不同

民宿花园的风格和功能定位是营造工作中最基本的，包括各类人群在公共空间的动线、体验活动等。在明确定位宗旨后，根据各区域场地的适宜性，包括地形地貌、排水走向、现有植被分布等，布置花园的功能空间。

"藏"与"露"是平衡民宿花园和建筑之间关系的重点

（2）因地制宜，捕获大自然的恩惠

民宿花园的营造要充分利用场地的自然条件、现有的地形高差、自然的植被和溪流等，自然的元素利用得越充分，民宿花园就越和谐，越有特色。民宿之所以成为民宿，是基于场地有足够的吸引力或其他独特资源条件。作为一般性原则，对场地应是改

造得越少越好。民宿花园设计的根本原理就是对场地的规划，让自然的外貌、条件和植被决定建筑物和景观的形式。

　　室外花园的体验感是最核心的空间感受之一，我们希望花园每个角落都能给人拥抱自然的感觉，让使用者感受到自由穿梭在民宿花园里，自己就是自然的一部分。

　　民宿最吸引人的地方在于它让人们可以短暂地逃离城市，如果花园让客人堕入繁杂的日常，而对山水"视而不见"，那就不是一个好的民宿花园。

依自然而建并得以升华

基于场地独特资源条件而建的民宿

（3）立意造景，细微处展现生活美学

　　绿水与青山、森林与田园只是民宿的背景而已，如何让周边独特的自然资源成为值得凝视的风景？必须将"视而不见"的山水从混沌的环境背景中过滤出来，立意造景，使其变成空间氛围体验的主题，让民宿能够与山共舞，与水对歌。

　　所以，民宿花园从用地总体到局部造景都要强调立意，结合主人性格与环境的特色让周边自然山水和田园重现、重塑，使之成为民宿花园的组成部分。我们不仅要让游客体验到家的舒适，更要体验到与其所在地域不同的文化特色、生活美学。

绿水、青山都是民宿的重要背景

水体能营造独特的景观氛围（山西上饶三清民宿）

第 **2** 章

民宿花园的营建要素

1. 令人眼前一亮的入口花园

民宿入口的营造，始于"颜值"。入口花园由园门、围墙以及入口标示性景观三大要素组成。在民宿或是客栈景观中，入口设计的好与坏，直接决定着游客对民宿的第一印象。

一个"高颜值"的入口花园是吸引游客的第一步，因此入口的设计一定要有自己的特色，可以简单朴素、小巧玲珑，也可以高端大气、原始古朴。

民宿入口花园营造，一定要与民宿建筑、室内设计相互融合，打造出独具特色的民宿营建方案。

（1）下沉式——富有仪式感

根据场地高差，通过台阶形成一个下沉的导入空间。台阶及两侧的设计是重点。

地中海风格的民宿，入口的台阶模拟大海的波浪

（2）水景式——让人心旷神怡

在入口设置水景，往往给人耳目一新的感觉。水景除了能发挥镜面倒影效果外，低调内敛的特质又恰好能将市井喧嚣隔绝在外。有水则灵动，有水则静怡，也许这就是水的魅力。不同的水流方式给人不一样的视觉体验，无论是现代景观还是古典园林都是如此。

入口景观化的消防水池映射出老厂房的倒影

多级跌水给人沉浸式的体验

流水景墙

跌水植物组景为花园锦上添花

（3）廊架式——光影交错间的转换

廊架式的入口在门前的街道上形成了阴影，小围合的入口空间，全是光与影的旋律。廊架的影子投落在白墙、汀步上，形成富有变化和律动感的空间。

光影变化带来律动感（广东广州麦客花客精品民宿）

（4）花园式——步移景异的浪漫

①台地花园

拾级而上，精致的台地花园给人赏心悦目的浪漫氛围感，观花、观叶类的木本灌木搭配多年生、两年生和一年生草本地被，植物和台阶瓷砖是同一色系，形成统一的风貌。花带在花园入口逐步蔓延，繁茂生长，延伸至民宿入口，亲切又充满自然趣味。

台地花园给人赏心悦目之感

②自然花园

大面积的自然花草种植或缤纷的多年生被花境是入口花园的绝对主角，令人印象深刻，独具魅力，而且易维护，特别适合种植"发烧友"主人。

植物是最具自然风的花园元素

2. "高颜值"的泳池

"高颜值"的泳池是民宿的标配之一，如果民宿地处美丽的自然环境中，让泳池成为一面"镜子"，自然景色最大限度地倒映其中，无疑是一种较好的处理方法。

泳池作为一种水景，一方面可以倒映周边环境，营造宁静的氛围，同时也使居住在正对水面客房的游客拥有静谧的山居体验，不大的场地因水面反射天空而被无限扩展。另一方面，泳池可以作为间隔空间的重要元素，如果民宿的建筑体量较大，可用泳池隔开建筑与观景点，这样人就可以站在设计好的"最佳"观景点欣赏建筑，观赏体验也会更佳。

（1）民宿泳池类型

泳池有各种形状、大小、风格的设计，有些还用于特定的目的，如用于健康和健身的标准泳池、用于景观建筑映衬的无边界泳池、用于表达个性或兴趣的新奇泳池，以及与景观相融合的自然主义泳池等。

（2）民宿泳池形式

决定泳池形式的因素有地块大小和可用空间、土地布局、预算、符合安全规范、民宿的建筑风格、光照条件等。

泳池形式多样，依托山体、稻田、大海等得天独厚的自然环境，泳池会被赋予"光环"，让游客远离尘世的喧嚣，能平心静气地放松下来。

（3）泳池风格特征

在民宿中设置泳池，可以让整个民宿风格更加自然、灵动，但前提是泳池设计的风格需要与民宿格调兼容。

常见的泳池风格有北欧风、东南亚热带风、巴厘岛风、圣托里尼风、中式田园风和轻工业风等。

常见泳池类型

类别	特性	代表图片
建筑泳池	♋ 必须有结构。 ♋ 有明确的线条。 ♋ 通常与民宿建筑的形式相呼应，并使用相同的材料。 ♋ 通常是几何形状的，且与建筑整体设计协调	
无边界泳池	♋ 总是定制的。 ♋ 设计注重突出风景。 ♋ 无边界泳池会给人一种错觉，让人觉得有一片水从泳池边缘落下，就像瀑布一样。 ♋ 造价相对较高	
儿童泳池	♋ 可充气的儿童泳池。 ♋ 可节约用地。 ♋ 最便宜，满足季节性使用需要	
标准泳池	♋ 为健身和健康目的而建造和使用。 ♋ 长方形的形状，适宜建在狭长的土地上	

类别	特性	代表图片
天然泳池	♂ 结合了游泳区和水景花园的功能。 ♂ 大多数天然泳池的内衬是橡胶或强化聚乙烯。 ♂ 拥有过滤和水循环系统。 ♂ 天然泳池的成本与传统泳池差不多或略高，成本的高低取决于景观设计，以及在其中种植植物的品种和数量	
泡池	♂ 强调私密空间的民宿可考虑在露台或者房间阳台设置泡池。 ♂ 用来放松和娱乐，或是在炎热的日子里浸泡解暑。 ♂ 建造成本较低	

民宿泳池形式

类别	特性	代表图片
山边泳池	♂ 泳池能把山倒映下来，室外泳池能全年提供令人心旷神怡的山谷全景	

类别	特性	代表图片
稻田泳池	♋ 一望无际的稻田呈现出一种不可思议的美丽，旁边是涓涓细流和连绵山体，客人们可以尽情放松身心	
湖畔、海边泳池	♋ 湖畔、海边泳池是享用下午茶和日落美景的理想场所。可在此欣赏海滩无与伦比的美景，化解生活的烦恼	

泳池风格特征

类别	特性	代表图片
北欧风	♋ 轻硬装，重软装，在美感与实用性之间取得微妙的平衡。 ♋ 只用线条、色块来区分点缀，隔断很少，空间开放。 ♋ 泳池边的小帐篷，木材、棉、麻、藤编抱枕，都是北欧风独特的元素。 ♋ 蜡烛也是较常使用的元素	
东南亚热带风	♋ 小品选材以木头、藤蔓为主。 ♋ 热带植物是泳池休息区和周边最重要的元素。 ♋ 细节处的装饰简单质朴，却弥漫着浓浓的禅意，如大象雕塑、佛像等。 ♋ 色彩搭配具有热带风情，整体的色彩绚丽浓郁。 ♋ 马赛克泳池铺装	

类别	特性	代表图片
巴厘岛风	♙ 茅草屋、双层阶梯式泳池、纯净的白色院落、棕榈植物……营造独特的海边情调氛围。 ♙ 建材上的选择大多以陶砖、石子或石块为主，富有自然气息。 ♙ 四角一般不太封闭，植栽和池边铺砌处理自然，泳池一般为不规则形态，因地制宜，不拘一格。 ♙ 泳池壁面常用多彩的贴面装饰	
圣托里尼风	♙ 不规则圆弧形的水池边线。 ♙ 极简设计，白色和米色为主要色调，搭配大地色系的遮阳伞。 ♙ 景墙大面积挖空	
中式田园风	♙ 以接近大自然为主，多用大自然中的材料。 ♙ 尽可能选用木、石、藤、竹、织物等天然材料装饰。软装饰方面常有藤制品、绿色盆栽、瓷器、陶器等摆设。 ♙ 汲取传统装饰"形""神"的特征，体现传统文化内涵，泳池周边的细节善用传统装饰元素	
轻工业风	♙ 泳池线条处理轻巧，并和保留构筑物的硬朗相互结合，形成一个独特的水空间。 ♙ 为了暖化构筑物的冰冷感，户外家具以及灯光一般采用暖色系。 ♙ 装饰注重细节和质感，与粗犷的构筑物形成对比	

（4）无边界泳池

　　除了面朝大海方向的泳池可以做到无边界，其实和地面相接的地方也可以实现无边界，泳池的规模一般因地制宜，最小的民宿无边界泳池大约 10 m²。泳池的水面和场地是平齐的，看起来只有一条缝隙，十分精致。

　　无边界泳池肉眼看上去感觉像是没有边界，其实在泳池的最外侧还有一道收水边，这道收水边才是泳池真正的"边"。根据人远眺视线的角度，将这条边降低后悄悄藏在后面，这样，不管是站在泳池边还是二层的楼顶，都看不到了。

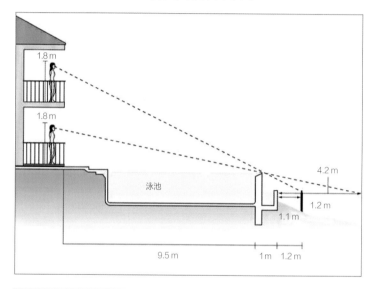

视线关系

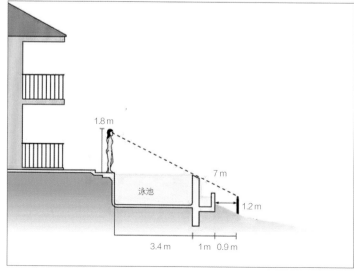

无边界泳池

3. 不可或缺的儿童活动场地

（1）亲近自然的互动场地

据研究表明，当代有些儿童由于缺乏和大自然的接触，产生了一系列"接受无能"的障碍，如注意力不集中、反应迟钝、容易近视、肥胖和抑郁等。而修复儿童与自然内在联系的根本性方式，是改变将城市与自然对立、隔绝的空间规划。

①地形

在民宿建造游乐场，首先要考虑的是放置游乐设施的场地形状。如果是利用天然的起伏地形，可以依据现有的地貌增加或者简化设计。由于孩子们更喜欢一些非常规的形状，而不喜欢统一的直线形，可充分考虑利用天然的地形创造更多的游戏种类。

在任何情况下，哪怕场地条件非常简单，都可以在设计中增加小山、斜坡、弧度等元素来提供一些积极的刺激，鼓励孩子们在环境中探索，以便增强他们的空间感。

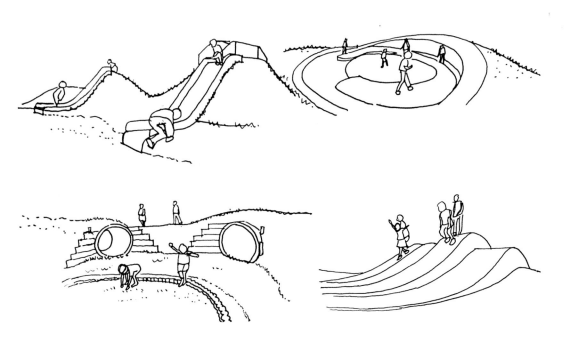

蜿蜒的曲线形状要优于规则的直线条

②水

孩子天性爱水，尤其是他们亲水或者玩水的时候，应该保留现有的水资源（包括小河、水渠、池塘、沼泽和天然的泉水），并尽可能将之融入项目中。民宿应以此为基础并对其进行充分保护。这些水环境能帮助孩子们观察并了解生命循环和自然环境。

水车

涌泉

重力跌水装置

戏水设施

利用现有大树搭建游乐塔

修剪型绿篱迷宫

供攀爬的环绕树网

③植被

植被在任何儿童场所的设计中都是一个重要环节，无论是从环境还是审美的角度，或是仅仅为了娱乐，孩子们可以在这里获得对四季更替最直观的认识。植被除自身特有的造景属性外，还是鸟类和其他小动物的天然栖息地，应该注意保护场地中已有的植被区。

（2）富有组织性的分区布局

儿童游乐区不只有游乐设施，为了让孩子们能在既有创造力又安全的空间玩耍，还需要设置活动休息区。而富有组织性的场地布局，能培养孩子们在不同游戏区内的方向感。

如果活动场地较大或者分散，最好每隔一定距离就设置一个休息区。一般这些休息区的距离应该在45～60 m之间，但不能超过200 m。

休息区不应设置在游乐场的边缘和角落中，这样会限制孩子与他人交往，应将休息区设在不同特点、不同年龄段孩子的交叉区域附近。

（3）与环境互动的游戏设施

民宿从经济适用及场地考虑，游戏设施应该紧密结合实际条件来设置。经典的游乐设施，如沙池、滑梯和秋千，依然很受欢迎，而自然教育、儿童研学作为越来越受欢迎的亲子旅游模式，可以考虑将民宿花园作为自然教育的大本营，让儿童在与环境互动的游戏中开展农事体验和自然教育。

①沙池

沙池无疑是最容易实现的室外儿童活动设施了，经济实用，可将之布置在避风而安静的地方，既要有充足的阳光，又要清爽。

经济实用的沙池

沙池很受孩子们欢迎

②滑梯

　　滑梯分为直梯和弧梯，考虑节约空间，最佳做法是作为建筑的一部分。滑梯需结合室外功能空间（如泳池、儿童活动场地等）进行一体化设计。

利用地形设置的趣味滑梯

滑梯、攀爬和沙池是最佳组合之一

③秋千

秋千若能结合建筑承重梁进行一体化设计是最佳的选择，放在半室外的空间一举两得。秋千的铺装标高需要齐平，或者让室内的铺装往外延伸一个平台，更有利于秋千的使用。

秋千特别受孩子们欢迎

小贴士

游乐场地铺面

➡ 铺面应该稳定、坚固，防止摔倒，表面的质地不宜过于粗糙，并在湿润和干燥的条件下都能起到防滑的作用。

➡ 铺面的连接点和接缝处应做适当处理。

➡ 将不同颜色和质地的铺面结合起来能达到某种特定的效果，以此起到启迪孩子的作用，可以在发布信息、提示方向变化或标记不同区域的交接处、划分休息区等时候使用这种方法。

④树屋

从英国作家黛安娜·温尼·琼斯的小说《魔幻城堡》到日本导演宫崎骏的动画电影《哈尔的移动城堡》，像小鸟一样在树上有个小窝是每个人的童年梦想。值得注意的是，树木是动态生长的，这就代表了许多的不确定性，因此，建造安全而坚固的树屋前必须充分地进行考量。

选择合适的树木建造树屋是关键，枝杈多而且粗壮的大树较为适宜，包括建筑和半开放平台。树屋可用多种不同材料做成，木头经常用于结构和表皮覆盖部分，这是鉴于木材的硬度以及外观上更易与环境融合，而且它质轻、价廉。钢铁则用于支架、钢索和螺栓，包括专用的树屋螺栓。随着现代技术的发展，支撑结构还有支柱、悬空连接等。

如果是为小朋友设计的树屋，则要有充分的保护措施，比如不要设置过多的障碍物和栏杆，地面上覆盖一层橡胶垫可以减轻一些意外磕碰造成的伤害。

树屋还能连接吊桥，增添趣味，让人更充分享受和大自然的亲密接触。

树屋近年来越来越受欢迎

⑤蹦床

蹦床运动能锻炼四肢，增加肌肉力量，促进新陈代谢并且有利于提高注意力，是大人和小孩可以一起玩耍的设施。

蹦床适合亲子活动

⑥迷你球类设施

在民宿花园有限的空间内适当设置迷你球类设施，如迷你高尔夫、五人半场篮球场或三人篮球场等，是大小球迷们的慰藉。

高尔夫球类活动

⑦自然教育设施

自然教育越来越受到人们的重视，尤其是互动的自然教育设施是民宿花园中不可多得的设施之一，这些设施环境友好，是孩子们的户外课堂和自然乐园。和昆虫玩捉迷藏，给树洞讲悄悄话，在家长和民宿主人的带领下参与种植劳动，都是童年难忘的记忆。

原木做成高低不一的木桩组合

掏空树心做成可穿越的游戏设施

以原木和自然材料建造的自然教育设施，包括户外画室、自然乐园和亲子种植园

4. 沉浸式户外互动场地

民宿花园有别于一般的住宅庭院，对一般住宅房主来说，后院美化和前院美化具有截然不同的功能，前院一般作为展示区，是向公众开放的舞台，后院则更多是为了宜居方便。而民宿花园则是把住宿以外的空间都作为开放区域，结合不同游客的需要，营造满足各种功能需求的场地。

户外家具可以营造一个更加舒适的室外休闲空间，使人们在花园内更好地休息。如果没有一定量的户外家具和配饰，再赏心悦目的水景、园建都会显得生硬。户外家具通常包括户外桌椅、遮阳伞、户外躺椅以及摇椅等。

（1）安静休息区

很多游客都想在周末逃离城市的喧哗，放下沉重的工作压力来民宿好好享受短暂的放松和惬意，但还是不得不带上笔记本电脑在休息时间开个视频会议，处理一下工作的事情，或换个地方，换种想法，来民宿寻找灵感。这里，恰恰能够满足他们户外工作的所有条件。

①椅子

椅子是空间里的一大亮点，如果精心挑选的椅子有特别的色彩或者设计，还可以作为艺术品来欣赏，提升民宿的档次。椅子不只可以坐，还可以当作盆栽或装饰品的摆台。

白色的椅子是"万能"搭配，凸显洁净感

铁艺桌椅结实耐用

藤椅给人安心感和被包围感

②园艺架构长椅

　　长椅被温柔的植物"触角"覆盖包裹，安静的民宿一隅听得见鸟鸣，看得见花园里的四季花开，想到每个黄昏都能享受静谧地阅读，实在诗意十足。

双人长椅适合促膝夜谈　　　　　有温度和情调的双人长椅

木质长椅一年四季都受欢迎

③摇椅

堂前的茉莉花开得正好，阳光透过院旁树木的缝隙洒落在摇椅上，安静地翻开一本喜欢的书，便能开启一天的休闲时光。

摇椅能摇出孩子的感觉

结合廊架或构筑物设置的简易摇椅

④桌椅组

令人憧憬的下午茶时光，摆放上一组桌椅，立刻就洋溢着咖啡店的气氛。除了挑选适合的大小尺寸，也必须注意对氛围的影响，比如，在前院摆放桌椅，能表现出欢迎莅临的气氛。

桌椅组可配合遮阳伞、大树或者周边围绕各种植物设置，成为人气焦点。

庭院家具是不可或缺的重点

蓝色桌椅衬托出植物的鲜艳和光彩

⑤固定休息区

固定休息区作为私密性分隔的空间，起到一定的围合作用，方便三五知己促膝聊天，非常适合年轻人社交和互动。

抬高的木平台可以区分空间

木质和藤质家具最能营造温馨的格调

水池镂空处设置了沙发，鲜艳的抱枕颜色别具吸引力

木质家具朴实自然，很有温馨的格调

竹木廊架营造的半开放固定休息区，颜色和材质的搭配和谐且有亮点

下沉休息区方便交流，很受年轻人欢迎

（2）多功能活动区

多功能活动区的空间用色可以大胆，结合流行的户外家具点亮不同区域，让人感觉到无限生机与活力，明亮喜人。

多功能活动空间还是展现美学追求的场所，可以把美学载体从建筑空间延伸到户外空间，进行从艺术品、雕塑到景观小品的多维度呈现，实现个人精神追求的表达。

①阳光房

阳光房可以是一个多功能花房，如果有窗户，只需要装饰一下百叶窗，在门上刷上一层新漆，再放置一些五颜六色的花或闪烁的灯，就非常漂亮了。

阳光房

②空旷的活动场地

很多民宿主人在布局多功能活动区的时候总觉得场地太空，或者太大，不好把握尺度。其实活动区的规模、大小首先应该考虑的是你想在这个场地里提供什么样的活动？大概容纳多少人参加？这样，当人参与活动时，空间自然就会被"填满"。

容纳多人的户外游戏活动

③帐篷

一个人的慵懒，两个人的浪漫，三五好友的热闹，露营的野趣之乐在于可以享受大自然的亲密拥抱。围坐一起，把"客厅"搬到天幕下，找到生活的惬意。

户外帐篷

④立体建筑构件

　　立体建筑构件也是民宿花园里亮眼的造景元素之一，功能性与艺术性并存，不仅是很好的景观，还可以是一处休闲区，甚至是充满活力的娱乐空间，可在这里休憩、品茗和玩耍，大人、小孩都可使用。只要民宿的院子够大，就可以实现这个梦想。

带设计感的遮阴篷　　　　　　　　　　　　　　　花园小建筑

（3）户外就餐区

　　户外就餐区根据不同的功能需求设置，茶寮、烧烤、宴会等需要配备的设施各不相同，需要营造出符合就餐方式的氛围感。

　　对于真正的户外爱好者来说，户外烹饪是户外就餐的补充。在户外做饭，最简单的方法之一就是烧烤。

小火炉是点燃冬天户外就餐氛围的神器

户外就餐也讲究氛围的营造

（4）露天电影区

把电影之夜带回家，在后院用绳子或拉链系上一块白色幕布，铺上毯子和枕头，用投影仪和朋友或家人一起欣赏。闪烁的灯光、小吃、蜡烛和几杯红酒是提升电影之夜最好的佐料。

室外投影营造电影院的感觉

5. 情境式"打卡"点

如果民宿花园空间足够，打造情境式"打卡"点是让游客流连忘返的加分项，也是利用客人宣传、增加曝光率的关键。民宿院子够大是优势，但切忌做过多陈列，主题不突出。应该尝试把更多的想象空间留给游客，让他们去把空间填满。

（1） 悬空观景台

悬空观景台的设置一般因地制宜，选址要具有最佳的拍照视角和观景范围，白色钢筋混凝土或者玻璃钢结构悬空观景台是常用手法，简单就好，因为自然环境才是最美的舞台。

站在悬空的观景台向外望，茂林环绕，溪流潺潺，既有登高望远的气势，又有面朝大海春暖花开的清新，让人游目骋怀，放空沉醉。

纵眼四望，让人心胸开阔的观景台

（2） 镜面空间

利用镜面放大视觉空间或者制造错觉，是制造网红"打卡"点的另一蹊径，比如，把自然山野、云朵与光影映入镜内，镜面反射将真实物质世界投影到虚化印象中。还可以通过巧思将不同形态的景物通过镜面连接，如一面是方形传统坡屋顶建筑，另一面是极简的白色半圆形围墙，而中间的镜面让其形成了对称式的延伸，让建筑通过反射的投影达到自身的"完型"。

时尚院落配以中式传统桌椅，仿佛是一场无声的对话

将镜面运用在构筑物的外立面，倒映着花园的精致景观，如梦如幻

6. 风情万种的屋顶空间

屋顶花园对于很多场地有限的民宿来说，是最大的亮点，但需要考虑屋顶对土壤、植被、铺装以及草坪的承载力。在台风多发地区，还需要考虑强风的极端天气对植物带来的潜在影响，以及日晒雨淋对设施的影响。

屋顶花园一方面要尽量"轻"，采用轻质铺装和盆栽植物，但如果想在屋顶增加一个池塘或者种一些比较大的植物，那么需要把主要荷载都施加在承重墙或承重柱上。当然，即便条件受限，经过巧妙构思，屋顶花园一样可以变得风情万种，甚至可以作为室内空间的延伸，成为一个娱乐场所。

（1）浴缸、微型泳池

屋顶花园和露台的水景无疑是沁人心脾的造景元素，既具观赏价值，又有生态功能。

浴缸和微型泳池可以把屋顶花园打造成浪漫的约会场地，绿化以树木与水景结合为佳，不得已的情况下，即便没有树木，在水里种植大量的水草，也可以达到生态和观赏的效果。

屋顶浴缸

泡池

屋顶水景　　　　　　　　　　　　　　小型浴缸

微型泳池

（2）　聚会圣地

　　想要打造一个具有仪式感的聚会，屋顶花园的空间会是首选地点之一。其氛围营造是关键，一般采用暖色调与木材为主要元素，希望客人能感受到有温度的生活格调。当天色渐暗，华灯初上，漫天闪烁的灯光把晚上的浪漫情调发挥到极致。

三五知己把盏聊天

屋顶花园的氛围营造很关键

适合多人聚餐的天台

7. 特色园路和铺装

　　一条石板路将游客安全地带进一所房子，而天井或小径则将游客吸引到户外，进入前院或后院。

　　石板是一种沉积石，被切成不同的碎片，是住宅天井和人行道的流行材料。用于石板的岩石类型包括砂岩、青石、板岩、石英岩和石灰岩，其他受欢迎的景观石类型包括天然圆石、切割石、鹅卵石、贴面石、碾碎或圆形的砾石。

花园入口的大面积碎石铺装，是通向花园深处的引导

民宿各房间之间的连接和过渡空间铺装

连接民宿各个功能区的园路

利用花园内明媚的阳光，以道路作为边界，让植被和园路充分融合

8. 花园氛围装饰

各种不同的园艺元素，加上植物组合搭配，是营造花园氛围的重要组成部分。

（1）小水景点缀

没有什么比花园里的喷泉更能创造轻松、惬意的气氛，炎热的夏天里，喷泉能提供一片凉意，让辛苦繁忙后的游客能深度舒缓身体的所有感官。有水之后，所有的风景才会充满灵性。坐在花园中，吹着凉爽的清风、听着哗啦啦的流水声，劳累的身心顿时能感受到宁静和祥和。

花园水景能令人放松心情

（2）雕塑

雕塑是烘托氛围感的重要元素，铜像雕塑结合水景和整齐的绿篱背景营造宁静的氛围，木制或动物雕塑营造自然生动的场景，而色彩鲜艳的玻璃钢雕塑则能给人热烈奔放的感受。

雕塑能活跃氛围

（3）灯饰

　　灯光确实可以营造气氛，为花园增添氛围，而且也是一种预算友好的方式。与其把小酒馆的灯饰挂在藤架上，不如像泪滴一样挂下来，这样会有一种更加别出心裁的感觉。如果没有可挂的东西，可以将蜡烛和短串的闪烁灯挂在座位周围。

　　为了营造一个安静的夏夜氛围，在玻璃瓶中装满电池供电的LED串灯，并用绳子和钩子挂在树上。它们会让人联想到萤火虫，甚至可以将之作为在白雪背景下冬季的装饰。

不同形状的灯泡装饰

废物利用，把灯泡涂鸦挂树上

灯饰随风摇曳，营造浪漫气氛

3

低维护的景点打造

所有的景观都需要不同程度的维护，但是某些因素会直接影响人们是拥有低维护的花园还是劳动密集型的院子。例如，浇水、除草和修剪会占用很大一部分维护时间，而有些植物的维护需求较高，要保持它们的最佳状态，就必须劳心劳力。但是，有一些解决方案可以让人拥有一个美丽的院子并节省劳动力。

　　首先，高大的树木是民宿花园最宝贵的资源，也是花园的标志性景观，应该先充分利用场地内的乔木，协调民宿与大树的关系，营造树下的空间。大树下是游客最喜欢停留的范围，也是拍照的最佳景点。或者需要种植缓慢生长的树木，使之与周围的景观和环境融为一体，成为花园中的骨架。特色乔木，如红棉、樱花、银杏等，是民宿给游客的第一印象，也是最深刻的记忆，需要注意日常的维护管理。

　　其次，要改变"简单就是节约"的思路。草坪看似建造简单，但是维护草坪不仅需要耗费大量的人力、物力，而且成本也较高。

荔枝、树菠萝等是花园里的优良骨架树种，不仅可以观赏，还能为餐厅增加食材

大树下面是游客最喜欢停留的景点之一

大树能营造一片绿阴，要保护好大树让其自由地生长

1. 花境

　　节水型的多年生植物选择是花境的重点，耐旱性、抗虫性的植物能很好地与杂草竞争，而且不需要经常修剪，只需要较少的补充肥料。此外，安装一个自动灌溉（滴灌）系统，浇灌花园方便而精确，并且能最大限度地节水。

植物搭配参考

打造要点

√ 尽量模拟自然风景中野生花卉的生长环境。

√ 选择稳定性较好、适宜当地生长的多年生花卉和灌木为主要材料。

√ 因地制宜考虑花境构图，平面、立面、色彩和季相景观要做到均衡、自然、和谐。

√ 前景、中景、后景的色调富有变化，如后景为沉稳的冷色调，前景宜配置黄色、粉色或红色等凸显的暖色调，形成视觉冲击力。

√ 植物在体量上要注意变化，一般前景、中景宜采用小花品种作为地被花卉，如用玉龙草等镶边突出组团边缘优美的外轮廓，以烘托背后立面体量逐渐增大的植物组团。

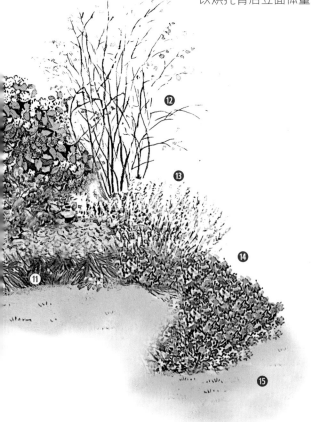

❶ 美丽异木棉

❷ 鹰爪花

❸ 重瓣金光菊

❹ 秋海棠

❺ 矮麦冬

❻ 花叶女贞

❼ 黄金香柳球

❽ 茉莉花

❾ 红花玉芙蓉

❿ 龙船花

⓫ 黄虾花

⓬ 细叶紫薇

⓭ 薰衣草

⓮ 何氏凤仙

⓯ 玉笼草

方式1：
植床两边高、中间低，中间前景缓坡，坡形构成三角定位

地形使植物更有立体感，采用直立型的观叶、观花植物为主体框架，主体及前景植物宜选择花大、色艳的品种，采用彩叶、绿叶植物过渡点缀。用玉笼草等耐修剪或形态稳定的植物分隔空间，使整体布局更为生动、立体，不会显得画面很满，而且地被植物比草皮更精致美观。

三角定位花境

方式2：
植床呈中间高、四周低的鱼背型

背景植物呈弓形，充分利用彩叶、花灌、球形植物，形成层次错落的基本结构，色彩规划上宜用各色花卉相互渗透。中间的高层观叶类，有红车、银叶金合欢、星光榕等；中层的观花或观叶类，有球形玉芙蓉、金英、花叶丁香、香水合欢、金叶连翘等，再辅以调和类植物矮蒲苇、芒、粉黛乱子草、紫叶狼尾草等，用彩叶、观花类灌木相融合，逐层递进营造花境景观。

鱼背型花境

花境比草坪更有朝气

溪边结合石头打造的观叶植物花境别具野趣

花境还能收毛石挡墙的边缘

花境能丰富园路景观

2. 蔬菜花园

　　秋天是种植蔬菜最佳的时间，如大白菜、甘蓝、生菜、菠菜、乌塌菜等。秋冬季叶类蔬菜可以在不需用药的情况下很好地控制病虫害，轻松吃到绿色有机的食材。

　　此外，经历过低温的蔬菜甜度更高、更美味，而且秋季的蔬菜采收期长，一般都能持续整个下半年甚至到第二年。

布局示意

打造要点

- √ 叶类的蔬菜播种密度可以大些，小苗可以直接间出来食用，两三周就能提早进入采收期。

- √ 香葱、洋葱、大蒜、香菜、茴香等调味类植物，在大部分地区是能常绿过冬的，断断续续能采收大半年以上。天气变暖之后，宿存在土里的植株还能开花，妥妥地撑起夏季花园的"颜值"。

- √ 在周边空地撒上一些常绿的野菜种子是一个非常棒的主意，诸葛菜（二月兰）、蒲公英、马兰头、苜蓿、荠菜、水芹，来年春天清明前后可以体会到挖野菜的乐趣。

- √ 长江流域及以南地区冬天还可以种蚕豆和豌豆，这两种豆科类植物基本不需打理，甚至可以在较差的土壤中和杂草共生。

3. 螺旋香草花园

　　螺旋香草花园是起源于永久型农业（Perma-culture）的一个非常经典的花园形式。通过模仿自然界中螺旋的形式，打造出一层层向上旋转的层级型小花园。

布局示意

打造要点

√ 能在最小的区域内有效形成多种微气候，以适应不同品种的植物。无论是深根作物、浅根作物，还是喜干、喜湿、喜阳或喜阴的作物，都可以在螺旋花园中找到合适的位置。

√ 方便采摘和维护。螺旋香草花园的半径一般控制在 1~1.5 m，这样不用来回移动或者踏入种植花床，一伸手就可收获多种植物，与此同时，浇水、施肥、除草也能更加轻松。

√ 小空间大收获。花园一般用来种植芳香调味类植物，如中餐中的香葱、大蒜、茴香、香菜，西餐中的罗勒、迷迭香、百里香等，采摘频繁但量不大，且品种需求较多，螺旋香草花园能够完美满足这样的要求。

俯视视角

实景展示

营造步骤

建造时间： 4 小时
所需工具： 木桩、绳子、泥铲、独轮手推车
所需材料： 石头（大小、纹理和形状相近）、种植土、香草植物

步骤 1：放线画出螺旋的形状

选择一个向阳背风平整的地方，在花园中心打一个木桩，然后用一根 80~90 cm 的绳子画出螺旋的形状。螺旋的朝向北半球顺时针，南半球逆时针，同时保证螺旋种植床宽度在 40 cm 以上。

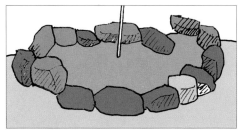

步骤 2：用石头垒出螺旋外轮廓

用立竿确定螺旋的中点，用石头或砖块垒出螺旋的造型轮廓。

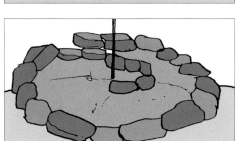

步骤 3：加入种植土

内部填充种植土。

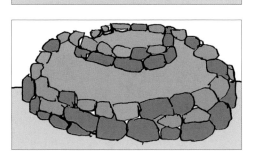

步骤 4：垒出螺旋顶

围绕立竿在种植土上继续垒出螺旋顶。

步骤 5：种植香草

为每一棵香草选择适合它的环境，如将耐旱香草种植在顶部，将耐湿香草种植在下层，将喜光的种植在阳面，把耐阴的种植在背面。

螺旋香草花园的类型与做法

类型	操作方法	图示
砖块或石头香草花园	⚘ 砖的做法同石头。 ⚘ 在底部埋入一个陶罐，用来承接从花床流下来的雨水	 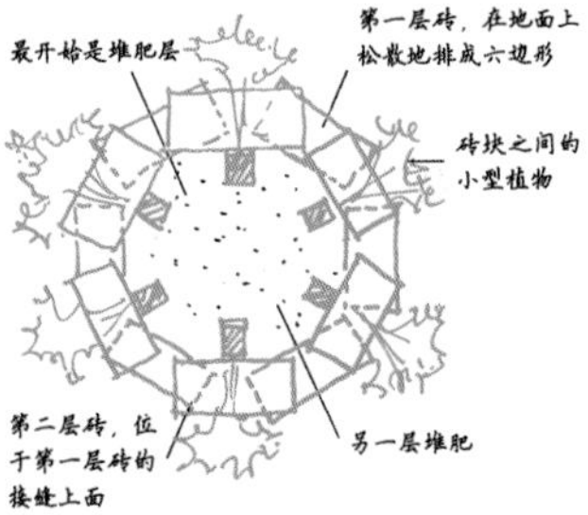
原木香草花园	⚘ 把经过防腐处理的半圆柱形原木排列成灵活的螺旋形，可以形成由内往外有利于香草生长的种植床。如果种植床边缘为弧形，原木边缘底部最好用混凝土来固定。 ⚘ 当地面排水不畅的时候，多余的水分可以通过铺装下面的碎石垫层排出	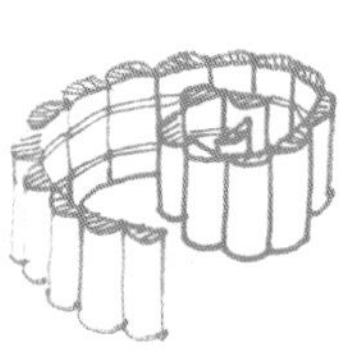 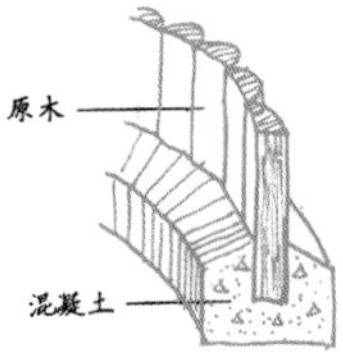 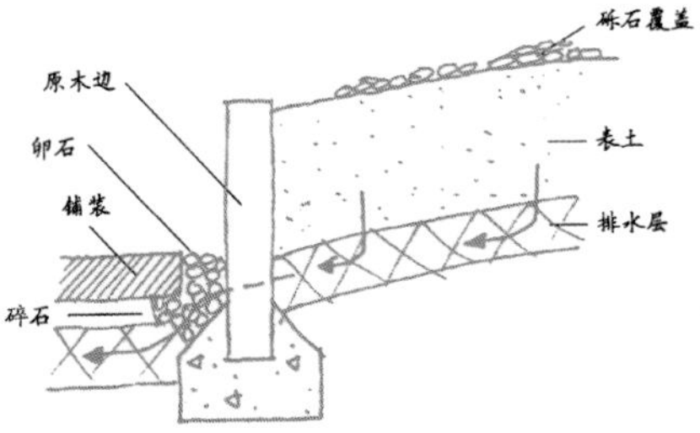

4. 小型岩石园

岩石园可以为单调乏味的民宿景观增加深度和广度，并成为全年的景观焦点。它应该与民宿的设计相辅相成，园里通常种植抗旱植物，不需要太多照顾。此外，岩石本身就是装饰品，不用浇水或以任何方式打理，而且它们具有像植物一样的自然视觉吸引力。

只要确保选择了具有类似生长需求的植物，如阳光充足的岩石园要选择喜阳植物、光线稍暗的岩石园里选择耐阴植物等，这样一来，就不必担心它的后期维护。

岩石园的设计范围很广，是自然主义的创作方式，从人造的干枯河床到质朴的石堆、土壤和植物，完全取决于民宿主人的偏好和空间大小。

如果岩石园面积很小，最好的设计就是用石头做成一个简单的圆形凸起床。这种设计可以摆放在任何角落，不会妨碍修剪草坪。如果种植适宜，也不需要太多的维护。如果岩石园中具有大石块或倾斜的山丘，那就充分利用它们，让其成为园中最具活力的因素。

布局示意

实景展示

❶ 黄金香柳
❷ 银星秋海棠
❸ 日本小檗
❹ 芙蓉菊
❺ 龟甲冬青
❻ 山桃草
❼ 八宝景天
❽ 花叶玉簪
❾ 金叶连翘
❿ 蓍草
⓫ 千鸟花
⓬ 美女樱
⓭ 丽格海棠
⓮ 矾根
⓯ 紫露草
⓰ 紫牡丹

植物搭配参考

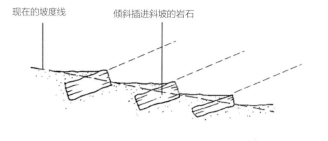

现在的坡度线　　　　　倾斜插进斜坡的岩石

保留现在的坡度　　　　清晰放置的宽、薄岩石

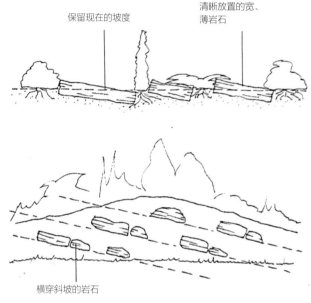

横穿斜坡的岩石

斜坡上的岩石园

打造要点

√ 选择岩石。在大多数情况下，最好选择当地的岩石，如山坑石、砖石或碎石等。这种石头表面适合苔藓和地衣的生长，看起来更为自然。

√ 坚持使用纹理、颜色和形状相同的石头。

√ 确定岩石园的类型。岩石园的设计可以采取多种形式，也可以创建各种主题，如高山宿根岩石园、耐寒植物岩石园、日本禅宗岩石园等。

小贴士

➡ 日本禅宗岩石园提供了一个反思和沉思的地方，倾向于极简主义，用最少的组件做出具有强烈表现力的景观。例如，在一个典型的日本禅宗岩石园中，一些精心放置的石头可能会形成一个焦点，由一大片用作覆盖物的小石头或沙子作为衬托，覆盖物可以耙出复杂而简单的图案。与西方的做法相比，植物材料不是最突出的，可能有一些小树和灌木，但很少有其他植物。

➡ 岩石园有时也被称为高山宿根花园，其在西方传统中意味着种植高山植物和其他低生长的植物，这些植物可以承受真正的"高山"植物所承受的冬季寒冷。

营造步骤

建造时间： 4 小时
所需工具： 铁铲、泥铲（园林耙、园林铲）、独轮手推车
所需材料： 各种大小的石头、种植土、植物

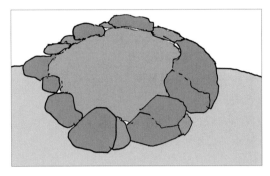

步骤 1：清理表层杂草，创造岩石园基础

布置一个岩石圈，直径约 1m（或根据需要而定），形成岩石园的基础。垫底一层可以用最大、最粗糙的石头，区域内填满沙土，排水要良好。如果土壤是黏土，要添加沙子和堆肥来促进排水，并压实。

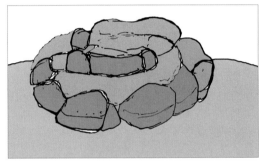

步骤 2：铺第二层石头

在一个圆上再垒出另一个圆，或者采取一个或多个石头带的形式，穿过石头围合的圆中心。第二层石头应该提供足够的空间方便石头之间或间隙种植植物。

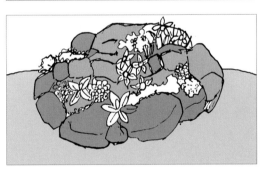

步骤 3：种植植物

通常情况下，最好是用三种相同种类的植物组合在一起，进行有主题的安排。种植植物的时候，要一边种植，一边在周围添加岩石，要让植物看起来如同是从岩石的"裂缝"中生长出来的一般。尽量用岩石和植物覆盖地表，不要露出泥土。

小贴士

➡ 首先，要为岩石园选择植物。比如，园中主要是红色砂岩，就需要一些红色的植物，以及呈现银色、黄色、白色或其他互补色的植物。其次，还要选择能茁壮成长的，并确认这些植物有相似的浇水需求，以及适合岩石园的日照量，抗旱植物是最好的。最后，寻找植物高度和叶片纹理的变化，以获得最大的视觉冲击和感受。

5. 旱生花园

　　仙人掌和其他多肉植物在进化过程中能够将水分储存在茎叶中，因此，它们更倾向于生长在沙漠和低水分环境中。

　　多肉植物大多都是极好的景观植物，它们有各种大小和形状，布置微型景观和旱生花园均很美观。

　　许多耐旱的植物在旱生花园中表现良好，如鼠尾草、薰衣草、天竺葵、迷迭香等地中海草本植物，以及莎草类植物等。

布局示意

打造要点

√ 前期种植时，要做好土壤（沙土＋种植土）滤水层，表层可铺麦饭石、轻石，可沥水和防杂草。

√ 要抬高植物与地表的距离，梯度种植有利于沙生植物排水。

√ 多选耐旱、抗高温植物，同时可以搭配一些多肉植物、小型芦荟等，丰富景观。

√ 沙生植物属于懒人植物，只要前期做好了，后期养护不用怎么操心，只需要去除杂草，还有一些品种在冬天恶劣天气需要做保暖措施。

√ 要确保种植的多肉植物没有刺（或针），不会意外伤害到儿童和游客。许多多肉植物没有刺，或者即使有，也很小。有刺的大型多肉植物可以栽种在花坛或墙边。

利用地形，把前花园开辟为旱生植物花园

阶梯式小花池

墙角处也适宜打造旱生小花园

多肉植物和耐旱植物是首选

耐旱植物表现优秀

小贴士

➡ 层次：先用多头植物（如霸王树）或柱状植物（如鹿角树、量天尺、三角大戟、武伦柱）搭建整体层次结构，再用块状丛生的仙人掌属植物（如象腿柱、红太谷、英冠玉）填充较大间隔的空间，最后用球状植物（如金琥）或龙舌兰科植物、多肉植物（如圣贝麒麟）丰富底部细节。

➡ 构图：植物间要留缝隙，避免拥挤，注意左右和前后均衡，形成稳定的三角关系或对称关系，植物的组合搭配要具有层次感和丰富性。

6. 水景式花园

　　民宿的任何规划都会因自然或人工构筑的水体而增色，它的声音、动感以及扑面而来的清凉气息都能丰富周边的景观效果。

　　建成了一个池塘[1]，就可用茂盛的植物把它打造成一片绿洲。各种形式的水景都能为花园增姿添彩，因为其声音和外观均可为民宿增添额外的欣赏维度。但是，我们需要仔细选择植物，形成既有吸引力，又避免在短短几年内就迅速生长，并将叶子和碎片掉进池塘。

　　为水景花园选择植物时，有三个主要考虑因素：统一、平衡性原则，与民宿其他景观相适应；易于维护，对儿童和宠物安全；能够适应当地气候或者区域小气候。

　　水生植物的维护成本低，种植在水池周边的视觉效果较好，如菖蒲、萱草、纸莎草、灯芯草、旱伞草、千屈菜、紫娇花、八宝景天、芦苇、花叶芦竹、美人蕉等。

布局示意

1.下文人工池塘中有具体描述。

（1）规则式

所谓规则式水景，也就是几何线条形状的水景，如直线形、长方形、正方形等，来营造宁静的气氛，在现代风格的民宿花园中特别合适。其看似简简单单，却有着美妙的线条和构图，经常与建筑或环境融为一体，成为点题之笔。

在水池中间设计汀步，不仅方便行走，而且从视觉上也要比普通的过道更加充满趣味。设置汀步时要注意距离，不宜过大也不宜过小，否则走起来很麻烦，汀步表面也要进行防滑设计。

水池中适宜配置王莲、荷花等水生植物，既有景可赏，又增加和客人的互动性。

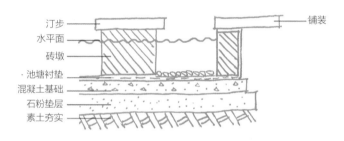

汀步做法

❶ 再力花
❷ 睡莲
❸ 大吴风草
❹ 花叶玉簪
❺ 鸢尾
❻ 常青藤
❼ 鸡蛋花
❽ 山瑞香
❾ 蓝花鼠尾草
❿ 绣球花
⓫ 狐尾天门冬

植物搭配参考

（2）自然式

　　为什么人们会喜欢自然式水景呢？一方面，潺潺的流水声具有天生的吸引力；另一方面，自然式水景容易与周围的景观相融合，对于强调原生态景观的民宿而言，它就如同是自然生长般，给人一种"本是如此"的感觉。

　　自然式水景需要一大一小两个水域，要满足养殖鱼类的生长和繁殖需求。其水面收放有致，一般由泥土、石头和植物收边，强调岸线的变化，充满天然野趣。根据庭院面积不同，池塘可以做出不同变化和效果的设计。

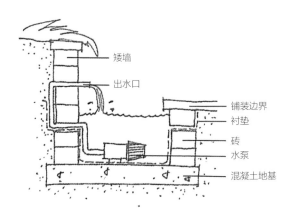

自然式水景做法

实景展示

❶ 蒲葵

❷ 天堂鸟

❸ 水生美人蕉

❹ 蓝雪花

❺ 肾蕨

❻ 银姬小蜡

❼ 红叶石楠

❽ 蒲苇

❾ 马蔺

❿ 路易斯安那鸢尾

植物搭配参考

7. 容器花园

　　所谓容器花园，就是以别致的花器加深场景印象。市面有售各式各样的容器，当然，手工私家定制加上创意改造，更能彰显民宿个性。

　　容器园艺有多种好处，有助于尽量减少植物维护。首先，可以控制使用的土壤类型，这将极大地影响植物健康。其次，可以控制水和阳光，而且病虫害一般不太可能袭击容器。最重要的，冬天可以简单地将容器移到室内，而不必着急处理和更换植物。

　　另外，你还可以自己动手，用最喜欢的花卉或多肉装满一辆旧的、不用的独轮手推车，甚至把它移到院子里，放置在最需要装饰的角落。

营造步骤

建造时间： 1小时
所需工具： 手推车、园艺手套、钻头
所需材料： 陶罐、每个陶罐配置 5 ~ 15 株植物（取决于陶罐的大小），肥料，PVC 管

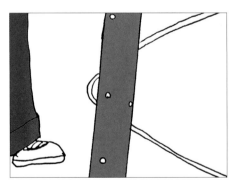

步骤 1：准备好浇水柱

为了确保所有植物都得到充分的浇水，可以在花盆中央插入一根多孔的 PVC 管。

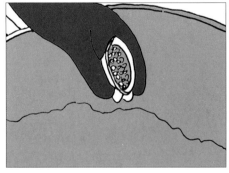

步骤 2：配比土壤

先将土壤倒入手推车或其他容器中，然后根据土壤的量和肥料包装上的推荐量，进行配比。

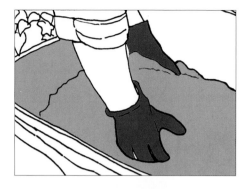

步骤 3：混合土壤

在装入陶罐之前，用手彻底混合土壤，使其均匀。

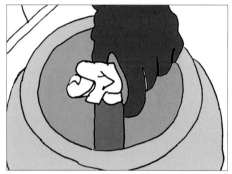

步骤 4：开始在陶罐中填土

将 PVC 管插入陶罐中心，并压入土壤中，使其固定。用报纸或毛巾塞进管子顶部，以防止土壤落入其中，从底部开始往陶罐里填土，直到与第一个种植孔齐平，用手轻轻地夯实土壤。

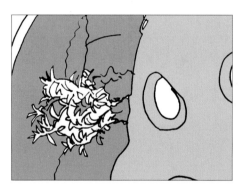

步骤 5：开始种植

将植物放入种植孔前，轻压和拉伸根部，在侧边种植孔中添加植物。每一层种植孔都要轻轻按压，使土壤坚实，再种入植物，直到陶罐顶部。具有直立生长习性的植物适宜种植在罐顶，因为它们可以遮挡 PVC 管。

步骤 6：为植物浇水

将水直接注入 PVC 管，多注几次，确保土壤均匀吸收。保持浇水，每隔几天转动陶罐，尽量使所有植物都能得到阳光照射。

盆栽花器便于移动

大型盆栽也有一定的遮阳效果

将废弃的木材打造成花器，能彰显个性

自己动手制作花器盆栽

缸栽水养花卉

花器与植物融为一体

8. 垂直花园

　　将观赏花卉或者蔬菜种植在垂直容器中时，空间是无限的。城市居民常常渴望户外空间，高高的围墙、树篱或攀援植物有助于营造一种与世隔绝的氛围。

　　如果民宿花园对传统的花园来说太小，不妨利用一下垂直的立面空间，旧的木架或丝网就是可以辅助植物攀爬的良好材料。用钩子挂上各种盆栽，对于一些草本植物来说是个不错的主意，这样就不用弯腰进行打理了。

　　沿着墙角搭建攀爬架，种植攀援开花植物，让绿植慢慢爬满围墙，形成"花墙"。或者种植攀援的蔬菜水果，增添花园四季的景致变化。

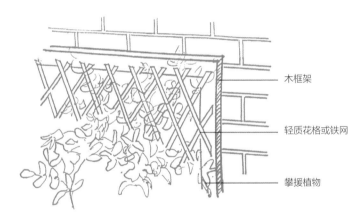

木框架

轻质花格或铁网

攀援植物

植物沿着轻质花架攀爬

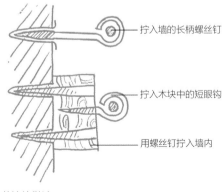

拧入墙的长柄螺丝钉

拧入木块中的短眼钩

用螺丝钉拧入墙内

花墙的做法

植物叶形与围墙造型很协调

生机盎然的垂直绿植墙

垂附在攀爬架上的植物

9. 屋顶花园

　　屋顶花园是民宿花园中场地条件最敏感的区域，需要谨慎做好前期的可行性分析和预案。

　　屋顶的风比较大，环境干燥，因此确保日照和水分是重要的一环。为了确保植物种植的基础（土和水），需要先对建筑物的屋顶表面进行充分的调整，为屋顶花园的营建和可持续的景观创造条件。

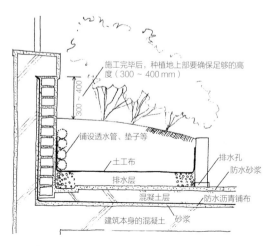

施工完毕后，种植地上部要确保足够的高度（300～400 mm）

铺设透水管、垫子等

土工布

排水层

排水孔

防水砂浆

混凝土层

防水沥青铺布

建筑本身的混凝土　砂浆

屋顶防水和防根穿入

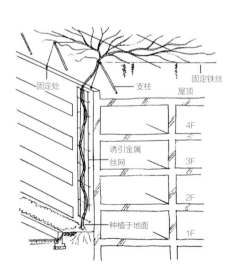

固定处　　支柱　　固定铁丝

屋顶

4F

诱引金属
丝网

3F

2F

种植于地面

1F

屋顶上的攀援植物

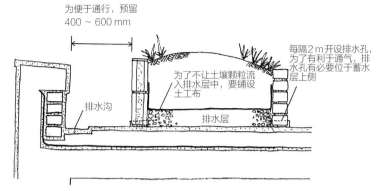

为便于通行，预留
400 ~ 600 mm

排水沟

为了不让土壤颗粒流
入排水层中，要铺设
土工布

排水层

每隔 2 m 开设排水孔，
为了有利于通气，排
水孔有必要位于蓄水
层上侧

屋顶排水

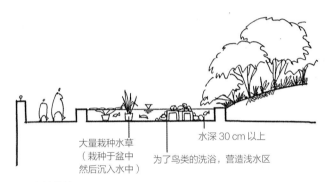

大量栽种水草
（栽种于盆中
然后沉入水中）

为了鸟类的洗浴，营造浅水区

水深 30 cm 以上

屋顶水池做法

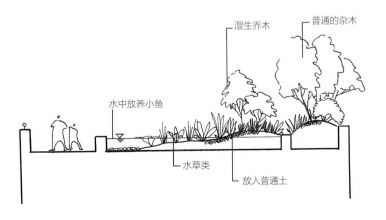

湿生乔木

普通的杂木

水中放养小鱼

水草类

放入普通土

屋顶上的湿地

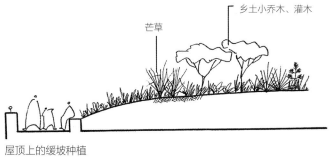

芒草

乡土小乔木、灌木

屋顶上的缓坡种植

（1）屋顶花园的种植形式

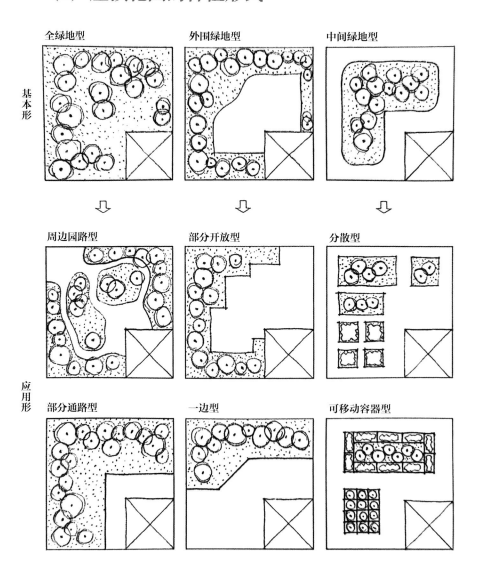

全绿地型

外围绿地型

中间绿地型

基本形

周边园路型

部分开放型

分散型

应用形

部分通路型

一边型

可移动容器型

092

（2）屋顶花园的建造类型与做法

屋顶花园的建造类型与做法

类型	图示做法
砌砖加高	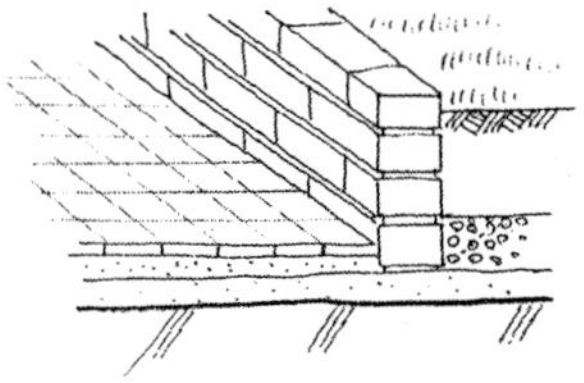
填土加高	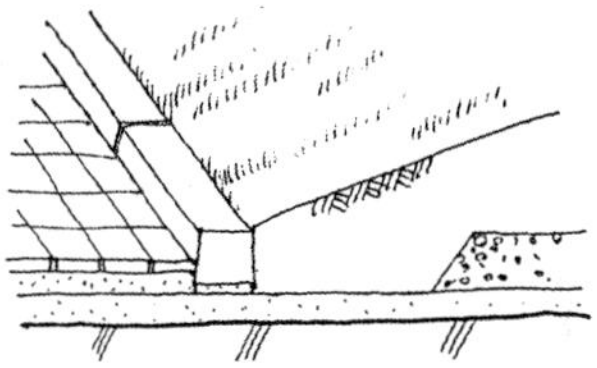
枕木叠高	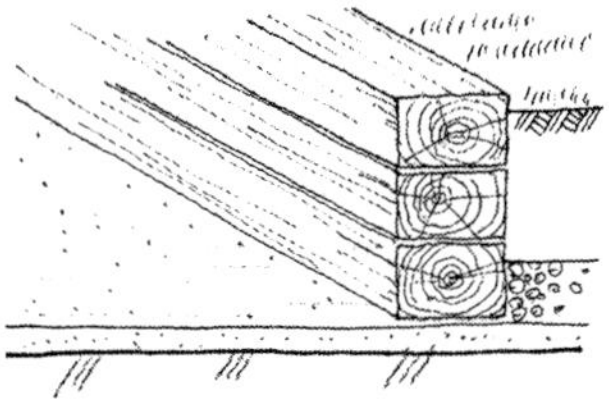
降低填土	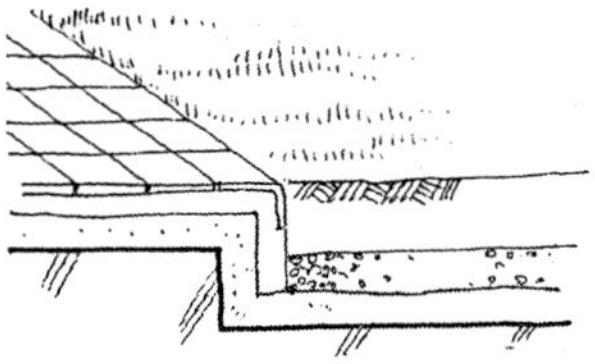
整体埋土	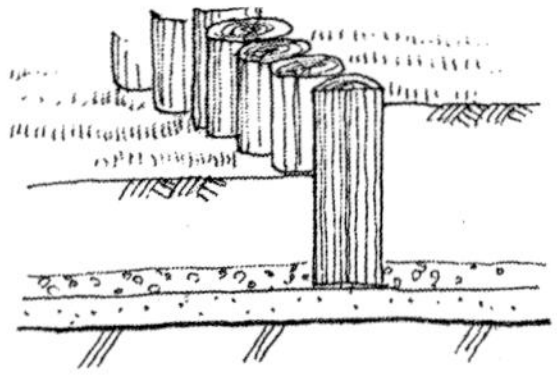
整体埋土 不加高	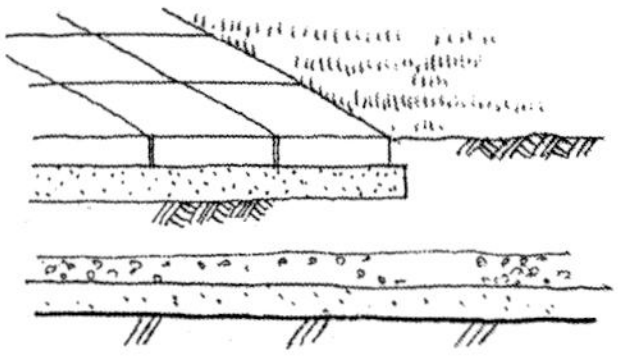

10. 小型种植池

用石头砌筑一个凸出于地面的种植池，内植各种观花、观叶灌木和草本植物，上面覆盖碎石或者木屑。

❶ 冬青
❷ 银香菊
❸ 百里香
❹ 香雪球
❺ 紫帝景天
❻ 海石竹
❼❾ 苔景天
❽ 景天
❿ 银叶菊
⓫ 天竺葵
⓬ 藿香蓟
⓭ 淫羊藿

植物搭配参考

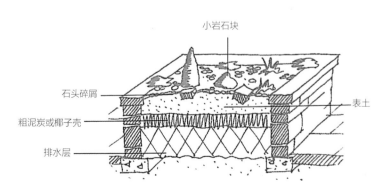

种植池做法

094

11. 挡土墙

挡土墙常用来创建从一个水平面到另一个水平面的过渡，通过切割斜坡，在墙的上方和下方留出平整的地面。建造挡土墙是适合自己动手的，只要墙的高度不超过 3 m。

打造要点

√ 挡土墙有不同于其他景观墙的结构要求。挡土墙必须能阻挡土壤，当土壤被水浸泡后，会产生较大的压力。出于这个原因，挡土墙后面空间填充的通常不是土壤，而是多孔的、促进排水的材料，如砾石或沙子。高大的挡土墙甚至需要建一个排水管来排水，以减少墙体承受的压力。

√ 挡土墙可以使用不同的材料建造，如木材、砖块或天然石块，但如果是自己动手，混凝土挡土墙砌块是最好的选择。混凝土挡土墙砌块的形状在堆叠时可产生自然的退台，这种设计使墙的角度略微向后倾斜，进一步提高了它的承受力。

√ 建造挡土墙的最佳时段是在土壤干燥时。潮湿的土地既难以铲进，也难以移动。

小贴士

➡ 在经常遭遇暴雨的地区，可以在回填沟渠的底部安装一个多孔排水管，将其引导至挡土墙一侧的某个出口，这使得墙后多余的水可以通过多孔排水管安全排出，不会对墙体造成危险的压力。

（1）毛石挡土墙

毛石挡土墙最简单的建造方法是干堆叠法，不需要砂浆，也不需要混凝土基础，允许水通过墙壁本身。这有助于减少墙后湿土施加的静水压力，防止破坏挡土墙。用岩石回填可以促进墙内排水，并防止土壤从墙内石头的裂缝中漏出。

毛石墙实景

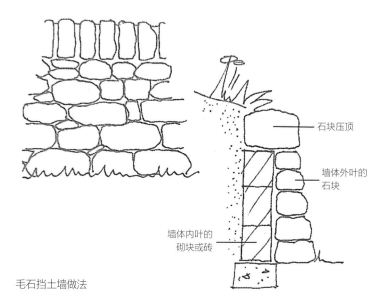

石块压顶

墙体外叶的
石块

墙体内叶的
砌块或砖

毛石挡土墙做法

小贴士

➡ 可用天然的田野石建造石墙,尽量用较平的石头进行堆叠。

➡ 如需购买,应选择平坦的,如石板或切割的石头,它们会
比粗石更方便使用,而且墙体更为坚固。

➡ 为了营造年代感,可在墙壁间隙添加植物,但不能破坏挡
土墙的完整性。

➡ 蔓生的百里香、多年生黄金莲、一年生白金莲等植物顺着
石墙倾泻而下,看起来非常吸引人。

（2）砌块挡土墙

砌块挡土墙实景

施工时，斜坡会带来很大的挑战，许多结构（包括棚子、走道、凉亭和露台）都适合平面。即使是花园种植区，如果它们位于院子的平坦区域，施工也会更加容易。挡土墙为这类项目提供了一种创造平坦空间的方法。

有两种方式可以利用挡土墙来创造平坦的空间。第一种方式涉及削减，即在斜坡上开一个缺口，然后建造一个挡土墙来阻挡墙后剩余的山坡，这种方式适合坡度较陡的地方。另一种方式是直接建造挡土墙，然后把它后面的空间填满，这种方法通常用于平缓的斜坡。

挡土墙可以在院子里创造出更多可用的空间，如果建造得当，这种墙体可以使用几十年。

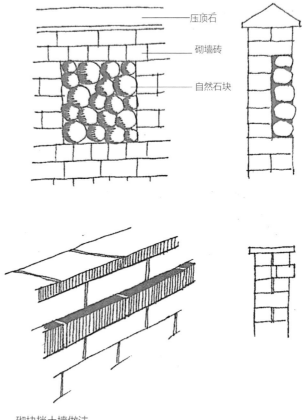

砌块挡土墙做法

压顶石

砌墙砖

自然石块

12. 简易花架、拱门、棚架

（1）单悬臂花架

　　单悬臂花架不仅可以形成令人愉悦的休息区，还能装饰墙角、墙面，或者遮挡视线。花架一侧的侧梁由常见的立柱支撑，另一侧则直接固定在房屋的墙上。

植物搭配参考

❶ 葡萄

❷ 花叶胡枝子

❸ 常春藤

❹ 月季

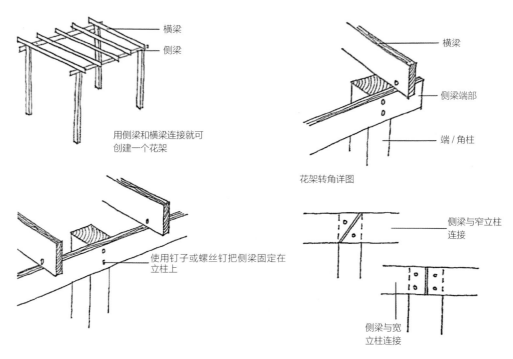

横梁

侧梁

用侧梁和横梁连接就可创建一个花架

横梁

侧梁端部

端 / 角柱

花架转角详图

使用钉子或螺丝钉把侧梁固定在立柱上

侧梁与窄立柱连接

侧梁与宽立柱连接

悬臂花架做法

（2）拱门

当需要多个拱门时，金属丝或薄木板条可用来支撑攀援植物。通过使用金属丝或木板条把弯曲小路上方的拱门连接在一起，就可以形成花架的效果，而且施工简易。

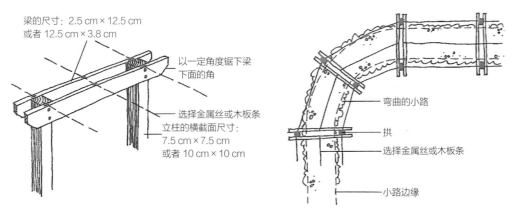

梁的尺寸：2.5 cm × 12.5 cm 或者 12.5 cm × 3.8 cm

以一定角度锯下梁下面的角

选择金属丝或木板条

立柱的横截面尺寸：7.5 cm × 7.5 cm 或者 10 cm × 10 cm

弯曲的小路

拱

选择金属丝或木板条

小路边缘

拱门做法

拱门实景

（3）棚架

棚架是一种有吸引力的造景元素，可以为花园带来一些阴凉。大多数棚架是用木材建造的，由几块锯木搭建而成，背面和侧面直接选用标准规格的花格架板条，但也可以用金属、竹子、枯枝木或浮木建造。棚架可为人们提供一个令人愉快的户外座位区，也能为天井或其他开放空间提供架构。用于支撑攀援植物的轻质花格架和网格最好固定在墙上，且宜选用木制、竹制材料，为攀援植物的生长和野生动物的生存提供空间，藤本植物可以选择勒杜鹃、炮仗花、金杯藤、牵牛花、月季等。

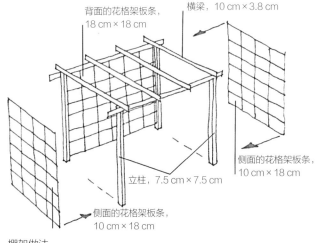

棚架做法

13. 花园围栏

　　屏风和围栏是维持民宿私密性的重要设施,一排又宽又薄的木板以一定的角度排列形成屏风,既可以遮挡特定方向的视线,又允许光线从侧面穿过。

　　一个"前后交错"的栅栏可以用来防止外部窥探的视线随意进入花园,这样的栅栏高低可控,还能保护隐私,而且有利于光线照射到临近栅栏的植物。

(1) 高栅栏

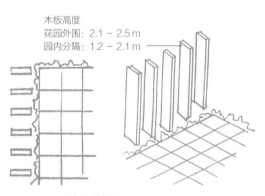

木板高度
花园外围: 2.1 ~ 2.5 m
园内分隔: 1.2 ~ 2.1 m

高栅栏实景　　　　　　　　　　　　高栅栏做法

(2) 矮栅栏

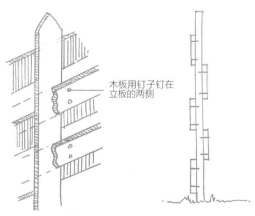

木板用钉子钉在立板的两侧

矮栅栏实景　　　　　　　　　　　　矮栅栏做法

14. 人工池塘

　　建造池塘是一个提高民宿美感的很好的方法。事实证明，这是一个较为简单的户外工程，自己动手，可以省下一大笔费用。

　　建造池塘有两种常用方法——使用硬塑料衬垫外壳和使用柔性衬垫。灵活的柔性衬垫优点明显，因为任何形状或大小的池塘都可以建造。

　　在理想的情况下，建造一个带有柔性衬垫的池塘，就是挖一个洞，将柔性衬垫切割成合适的尺寸并安装起来，然后用景观石固定边缘，将池塘注满水。

　　当然，总有景观效果不太理想的时候。比如，当建筑工地有松散的砂土，池塘的围挡无法保持形状，人们走到边缘时，可能会坍塌。解决这个问题（包括其他类似的结构问题）的办法是在安装柔性衬垫之前，用混凝土挡土墙块来支撑开挖的两侧。

人工池塘实景

选择柔性衬垫 👆

√ 建一个池塘并不昂贵，因为大多数材料都比较经济。柔性衬垫通常由聚氯乙烯（PVC）或三元乙丙橡胶（EPDM，一种合成橡胶）制成。PVC 衬垫最适合小池塘，而 EPDM 衬垫则适合大池塘。

√ 衬垫通常宽 1~8 m，需要裁剪，以适应池塘的形状和大小。对于较大的池塘，可以使用胶带和修补材料将两张或更多的衬垫连接。好的衬垫会使用更厚的 EPDM，PVC 衬垫通常较薄，但要确保厚度至少有 3 mm。

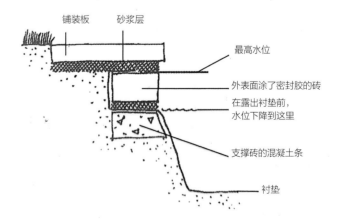

铺装板
砂浆层
最高水位
水位下降，露出衬垫
衬垫

铺装板　砂浆层
最高水位
外表面涂了密封胶的砖
在露出衬垫前，水位下降到这里
支撑砖的混凝土条
衬垫

池塘边缘的覆盖

营造步骤

建造时间：2 天

池塘规模：3 m×2.5 m

所需工具：橡胶软管、铲子、激光水准仪、长绳子、卷尺、美工刀或剪刀

所需材料：白垩粉、混凝土构件、挡土墙砌块、钢丝网（可选）、池塘衬垫、天然石头或小石子

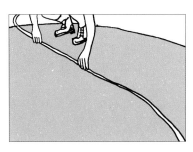

步骤 1：划定池塘边界

用一根花园软管，自然地围成池塘形状。一个有植物和鱼的健康池塘至少应该有 4.5 m²，一个标准景观池塘的深度应该是 45~60 cm，较大的池塘深度可能达到 80 cm。

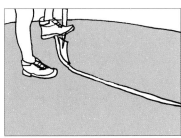

步骤 2：挖池边

用铲子或铁锹沿着边界的轮廓在地面上进行切割，如地面是草皮，使用铁锹较为合适。一旦池塘的边缘清楚地标记出来，就可以移除软管。

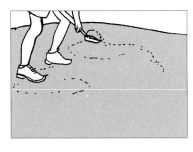

步骤 3：确定池塘深度

确定池塘的边界之后，开始挖掘工作。首先，要清除边界内的所有污垢，挖掘到池塘的最低点（也就是深度，通常为中心位置），然后再开始向外挖掘到侧面。

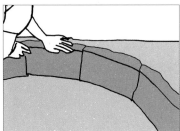

步骤 4：创建平底层

每层比前一层高约 20 cm，一个中心深度为 60 cm 的池塘可以多达三层，较小的池塘只需两层。每层周围都有混凝土块作为挡土墙，避免滑坡。

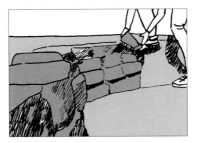

步骤 5：用石块加固挡土墙

接近池塘边缘时，用石块加固挡土墙。对于沙质松散的土壤，这一点尤其重要，这些石块将有助于保持池塘的形状和高度。

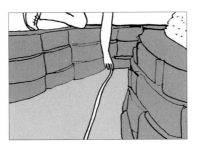

步骤 6：确定衬垫尺寸

首先，将绳子的一端放在离池塘边缘约5 cm的地方，向下延伸到塘中，与每一层的底部保持一致，然后向上延伸到池塘的另一端，在离池塘边缘约5 cm的地方结束。用卷尺测量绳子，确定衬垫的尺寸。池塘的垂直尺寸测量也是如此。

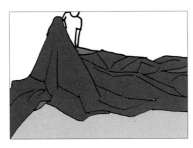

步骤 7：安装衬垫

把衬垫对折，放在池塘底部，然后展开，让它垂在塘边。慢慢把衬垫压在池底，形成褶皱。将边缘修整一下，使衬垫悬在池塘边的长度控制在2.5~5 cm。最后，用石头固定衬垫边缘。

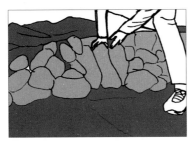

步骤 8：在池塘墙上添加石块

用天然石材覆盖塘边和每一层塘壁，从大型和中型的石块开始，直到完全看不见衬垫。当塘壁被完全覆盖后，可以用较小的石头或光滑的河卵石覆盖整个池底。

步骤 9：注水

给池塘注水时，如果想要在池中添加一些水生植物和鱼类，需要根据它们的习性进行选择。

15. 流水墙

　　民宿户外的水体有各种形状和大小，都是突出的焦点。通常情况下，设计师会利用斜坡（或者人工斜坡）来创造这样一个区域，但工作量较大，且费用不菲。事实上，许多民宿主人更喜欢小一点的水景，只要它能带来流水的灵动感。

❶ 紫藤
❷ 无尽夏
❸ 荚果蕨
❹ 紫花玉簪
❺ 月季
❻ 雪片莲
❼ 欧石竹

植物搭配参考

流水墙一般结合墙体进行设置，对于场地不大的民宿花园来说，可以节省不少空间。出水口区域一般使用砖块或文化石铺就，水流自墙体流向下方水池，泛起阵阵涟漪，给人非同寻常的视觉体验。同时，这里还能成为灌溉植物的水源。

流水墙实景

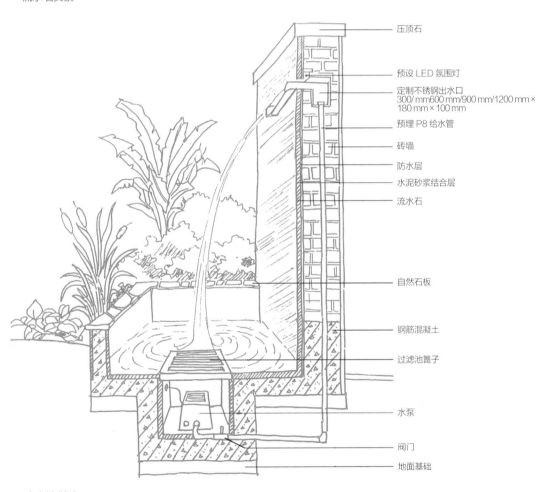

压顶石

预设 LED 氛围灯

定制不锈钢出水口
300/ mm600 mm/900 mm/1200 mm ×
180 mm × 100 mm

预埋 P8 给水管

砖墙

防水层

水泥砂浆结合层

流水石

自然石板

钢筋混凝土

过滤池篦子

水泵

阀门

地面基础

流水墙做法

建造时间： 1天

所需工具： 铲、橡胶软管、锤、钳子

所需材料： 文化石、潜水泵、从水泵到跌水顶部的水管、刚性池塘衬垫、沙、1个1.5 m×1 m的黑色塑料衬垫

步骤1：安装水泵

在水池中放入泵头，砌集成砖，水泵管藏入砖块后面。

步骤2：砌流水墙

继续垒高集成砖，在出水口高度位置开槽。

步骤3：接水管

流水器后连接水泵管。

步骤4：安装流水器

放入流水器，继续砌集成砖。

步骤5：封顶

铺压顶砖。

16. 溪涧式水景

　　溪涧式水景一般包含出水源头、有落差的跌水、蜿蜒的河道，能体现出水的多种姿态。连续性溪涧一般会利用现有凹地、洼地或者溪涧进行改造。

　　打造溪涧，首先要做到师法自然，也就是模仿自然界的水体形态，如溪水穿梭在岩石间、水波在卵石上荡漾等。其次，要注意高差的处理，让水得以自然地从高往低流动。

　　植物方面，适宜在岸边栽种一些水生植物，不仅自然，还可以遮挡一些人工的痕迹。驳岸石被植物遮掩后，也可以令人产生扩大水域范围的错觉。

　　溪流不宜太深，太深会威胁儿童安全。

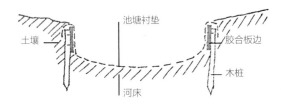

溪流截面图

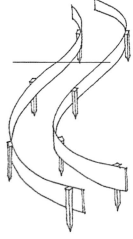

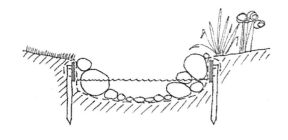

溪涧做法

❶ 红花玉芙蓉	❺ 大薸	❾ 雪片莲	❸ 南非万寿菊
❷ 菊花、芦荟	❻ 睡莲	❿ 坡地毛冠草	❹ 佛甲草 / 加勒比飞蓬
❸ 珍珠狗牙花	❼ 黄菖蒲	⓫ 雪球冰生溲疏	
❹ 黄金菊	❽ 绵毛水苏	⓬ 火炬花	

植物搭配参考

观赏草的视觉效果良好

植物层次能丰富水景

17. 户外跌水

　　跌水的设置首先要借助地形的高差条件，围绕跌水可以设置一个中心景观，搭配亭、桥、植物等园林元素，模拟自然生态的跌水是最受欢迎的。

　　跌水池可由一大一小两个相邻水池组成，水池内铺柔性衬垫，边缘用碎石围合，水就可以从高处的水池跌落至低处的水池。

　　如果能找到石头堆砌更好，大小和形状可以混合，但最好含有一些大而平整的石块，这样更便于搭建。

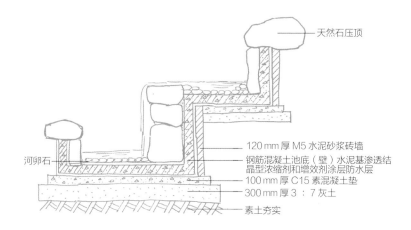

天然石压顶

河卵石

120 mm 厚 M5 水泥砂浆砖墙
钢筋混凝土池底（壁）水泥基渗透结晶型浓缩剂和增效剂涂层防水层
100 mm 厚 C15 素混凝土垫
300 mm 厚 3：7 灰土
素土夯实

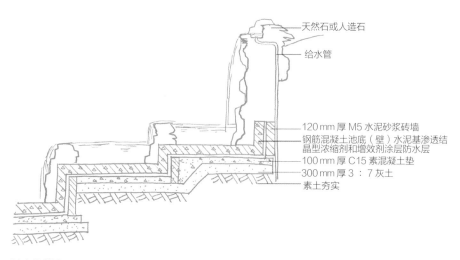

天然石或人造石

给水管

120 mm 厚 M5 水泥砂浆砖墙
钢筋混凝土池底（壁）水泥基渗透结晶型浓缩剂和增效剂涂层防水层
100 mm 厚 C15 素混凝土垫
300 mm 厚 3：7 灰土
素土夯实

跌水的做法

跌水实景

18. 花园步径、踏步和台阶

　　民宿花园铺装的颜色一般是白色、黄色和褐色，以形成温馨的基调，切忌用鲜艳、饱和度高的颜色，同时要注意和摆放的户外家具、盆栽等形成对比色、调和色或者同系色。

　　铺装也要有形式的变化，可以通过不同材质铺砖的拼贴、镶嵌来实现。同一个功能空间不宜采用两种以上的铺装材料，不然会导致功能分区不明显，影响使用。

❶ 七叶鬼灯檠
❷ 水果蓝
❸ 金叶长阶花
❹ 紫娇花
❺ 白晶菊
❻ 藿香蓟
❼ 香彩雀 / 匍匐筋骨草
❽ 细叶美女樱

石板铺装

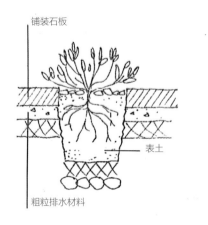

铺装石板

表土

粗粒排水材料

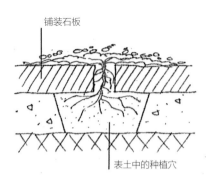

铺装石板

表土中的种植穴

石板铺装做法

（1）步径

步径材料与特性

类别	材料与特性	代表图片
黏合的石头路	☙ 天然石材。 ☙ 让两侧植物嵌入其中。 ☙ 容易长青苔	
石板路径	☙ 减少被绊倒的机会，可轻松电动冲洗。 ☙ 具有漂亮、清晰的直线。 ☙ 与相邻部分能很好地匹配，减少了需要用灰浆填充的大接缝。 ☙ 适宜结合同色系碎石铺设	

类别	材料与特性	代表图片
"瓦片+碎石"路	♋ 融入传统的元素。 ♋ 适宜蜿蜒的路径需求	
河卵石镶边的预制混凝土板路	♋ 节省成本。 ♋ 稀疏地安装混凝土板,使用直径 5~10 cm 的河卵石接缝,节约材料。 ♋ 混凝土条作为边界,帮助固定河卵石	
木材路径	♋ 木条铺面给人舒适感。 ♋ 对表土友好,与自然结合紧密。 ♋ 适宜在两侧用木桩收边,定义路径边界	
	♋ 大小不一的原木平台富有自然野趣。 ♋ 边缘选择适宜的收边植物	

类别	材料与特性	代表图片
砂砾石路	♂ 砂砾石给人舒适的踏感。 ♂ 用塑胶收边固定砂砾石。 ♂ 懒懒散散的砂砾石路，给人一种轻松的感受	
石板嵌草路	♂ 一长一短营造韵律感	
露骨料路径	♂ 整体铺设，透水性好	
粗糙的天然石	♂ 随机间隔的石头。 ♂ 更适合花园或沿着房子的一侧铺设，而不适合作为前面的路径。 ♂ 石头的重量使它们深深扎根于土壤中，能充分地融入景观	

类别	材料与特性	代表图片
碎砖或碎石混凝土路	♂ 民宿建房剩下的碎砖可作为铺设园路的材料。 ♂ 嵌草式与自然更融合	
	♂ 不锈钢收边。 ♂ 混凝土碎石铺装，节约成本	
混凝土预制造型路面	♂ 预制混凝土倒模，耐用。 ♂ 可以根据花园风格和主题设计出各种造型	

类别	材料与特性	代表图片
人造石路径	♋ 用人造石头铺成或用混凝土浇筑而成。 ♋ 铺设平整，整体感强，适合空间比较大的花园主园路	
	♋ 适合现代风格的民宿，注意色彩的选择宜与民宿建筑用色统一，且富于变化	
"河卵石＋木桩"路径	♋ 河卵石和木桩质感、颜色和谐统一。 ♋ 可以作为健身步径	

类别	材料与特性	代表图片
混凝土印模路径	♻ 在混凝土半干的情况下表面用树叶印纹,待混凝土干后把树叶清理掉,可以形成自然生动的表层。 ♻ 印纹的铺装适合东南亚和亚热带风情民宿。 ♻ 印纹图案一般为植物主题或者文化图腾	
花岗岩条石路径	♻ 适用于精致的窄长平台。 ♻ 收边宜用碎石等,可与条石形成对比的材质	
自然石块路径	♻ 自然面石块拼贴铺装适用于不规则的大面积平台	

汀步路径

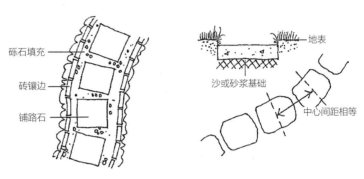

砾石填充

砖镶边

铺路石

汀步路径做法

地表

沙或砂浆基础

中心间距相等

（2）踏步

踏步主要类别与特性

类别	特性	代表图片
木板踏步	♨ 木板无需刻意切割成一样长短，充满野趣的踏步更有利于结合植物	

续表

类别	特性	代表图片
混凝土块石踏步	♋ 以块石作为基础,踏步为混凝土材质	
红砖踏步	♋ 做旧的红砖,显得精致	
瓷砖踏步	♋ 踏面以人造砖或瓷砖铺设,踢面用混凝土拉丝或起毛	
不锈钢踏步	♋ 踏面用花岗岩,踢面采用了不锈钢五线谱图案	
洗刷石踏步	♋ 耐用且防滑	

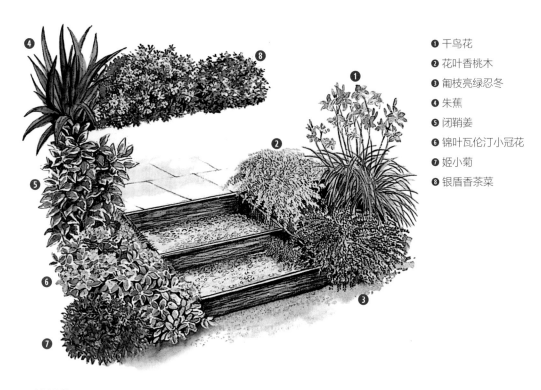

❶ 千鸟花
❷ 花叶香桃木
❸ 匍枝亮绿忍冬
❹ 朱蕉
❺ 闭鞘姜
❻ 锦叶瓦伦汀小冠花
❼ 姬小菊
❽ 银盾香茶菜

木板台阶

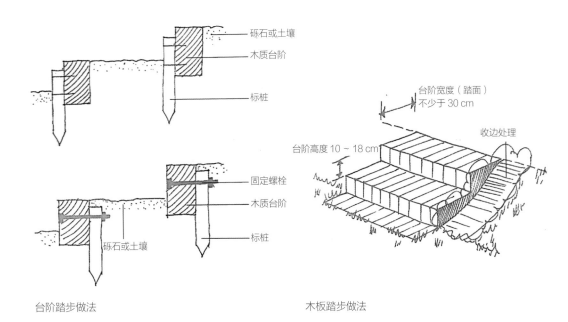

砾石或土壤

木质台阶

标桩

台阶宽度（踏面）
不少于 30 cm

收边处理

台阶高度 10 ~ 18 cm

固定螺栓

木质台阶

标桩

砾石或土壤

台阶踏步做法

木板踏步做法

（3）悬浮台阶

混凝土悬浮台阶与一般台阶的做法不同，悬浮台阶放线后用钢筋扎固，搭建台阶框架模具，填充基础后开始浇筑混凝土，等混凝土晾干后拆除模具，最后需要专业工具打磨，修补瑕疵，刷涂料。

混凝土悬浮台阶

营造步骤

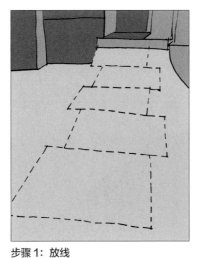

步骤 1：放线

放线确定台阶的位置。

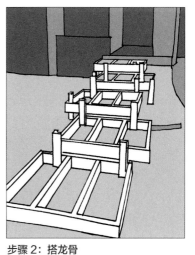

步骤 2：搭龙骨

按照高度依次搭建台阶木龙骨。

步骤 3：包裹

用木板包裹龙骨。

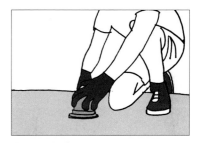

步骤 4：打磨

浇筑混凝土，等混凝土晾干后，再用专业工具打磨。

4

角隅空间的巧妙利用

民宿的边角空间，一旦被忽略，很容易变成景观"死角"。角落有空地，一定要将其有效利用起来，为民宿增添自然趣味，使其成为休憩一角。

民宿的角落，有的可能是建筑的犄角空间，有的是绿地边角，但作为民宿空间的一部分，都要珍惜，并且要"不拘一格"地好好利用，使其既有漂亮的景致，也有实用价值。

边角空间景观打造

1. 墙角

　　墙角空间包括花园的围墙角和民宿建筑的墙角，最有效和常用的修饰手法就是增添植物。可以单独种植一株有造型的盆栽，或者观叶、观花植物形成组合，灵活搭配。甚至可以利用墙边、角落打造墙角菜园，种植一些豆角、葫芦、丝瓜等藤蔓类蔬菜，增加景观观赏性的同时，还可以起到遮阴效果。

小贴士

➡ 角落里不建议设计过多的菜园造型，可以按照丰收的先后顺序有规律地播种。

小贴士

➡ 墙角的植物搭配层次感很重要，一般靠里的植物最高，适宜选择分支点高的常绿小乔木。

小贴士

➡ 墙角植物与路径结合，方便客人接触自然，与植物进行亲密约会。

墙角的修饰手法

墙角盆栽

小贴士

➡ 墙角可以单独种植一株有造型的盆栽或者观花植物，也可以几株搭配组合，做成花池形式，形成别致一隅。

富有层次感的植物搭配是利用角隅空间的不二法门

在墙角一隅布置充满野趣的景观，延展空间

花园空间有限的民宿角隅适合布置安静休息区

私密的墙角空间

　　利用墙角空间打造较为私密的休息空间，作为看书、发呆的一角，绿植增添私密性。如果是向阳的角落，记得增添一把遮阳伞，提高舒适度。

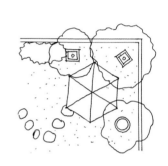

利用花架修饰墙角

方式 2：
三脚架 + 绿植

　　三角形攀爬花架可以很好地修饰墙角，再结合绿植，轻松使其成为视觉焦点。

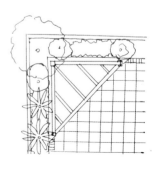

方式3:
花架廊 + 雕塑

在角隅设置弧形花架廊作为连通两个不同活动场地的过渡空间,可以增加游径的趣味性。半弧形的花架廊围绕着雕塑,增添了景观的层次,提升了花园的品质。

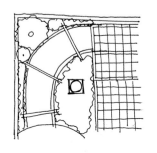

某些元素能丰富墙角趣味性

方式4:
跌水水景 + 挂饰

利用墙角的竖向空间设置跌水,是让墙角成为亮点的手法之一,也节约空间。搭配别具风情的挂饰,让乏味的墙角活跃了起来。

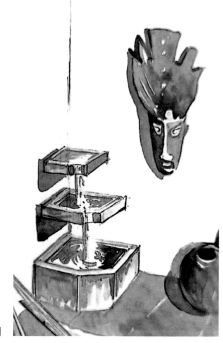

墙角竖向空间可充分利用

方式 5:
休闲躺椅 + 绿植

在民宿角落里配套休闲家具，比如，藤椅或沙发就是不错的选择。根据时节或主题给座椅配上柔软的坐垫和靠枕，不仅提升舒适度，也让角落变得更加迷人，让人依依不舍。

舒适的墙角空间打造

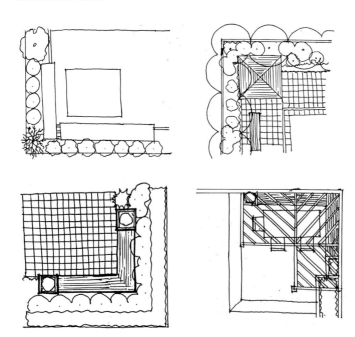

墙角其他装饰方式

2. 台阶旁

民宿花园的台阶旁也是需要用植物装点的位置，绿植可以有效消除台阶的生硬、呆板，使台阶可以融合在绿色的环境中。植物从台阶高处往下，能够打造出层次美，形成错落有致的一角。

打造和台阶相连的绿化对民宿花园来说不可或缺，它可以限定种植区域，使花园看起来更为整洁。花基可以根据花园的风格选择合适的材料，比如矮矮的岩石墙、防腐木栅栏、砌砖等。如果是在游客活动的区域，可以分两级设置，较高的花基边缘设置成可以坐人的高度与宽度，较矮的花基，除了层叠的多年生和一年生植物外，还可以种植蔬菜，这种组合，一年四季都能带来无与伦比的收获乐趣。

方式 1：
台地花境

多级台阶旁适宜打造台地花境，以同色系观赏植物为基调，高低错落进行搭配。

台地花境

方式 2：
入口花境

三级台阶以内高度的台阶旁花境一般搭配即可，但要注意入口的氛围营造，宜选用大花品种。

入口花境

方式3：
攀援植物组合

入门台阶装点攀援植物可以形成入户花拱，别具仪式感。

入户花拱

方式4：
香花、观叶植物组合

入门台阶旁可种植一株造型独特的小乔木或大灌木，形成视觉焦点，同时削弱台阶的体量感。

高大的绿植容易成为视觉焦点

绿植可以适当消除台阶的生硬和呆板

平缓的台阶用草坪点缀，具有规整性

3. 窗台前

窗台下摆放盆栽可丰富层次

方式 1:
组合盆栽

　　如果规划前期没有考虑在窗台前预留种植区域，组合盆栽就可以解决窗前景色乏味的问题，而且维护容易，还能根据需要和季节更换植物品种或者移动花盆。

　　值得注意的是，组合盆栽的花盆要和民宿风格统一，尤其要与窗台区域的色调、材质相协调。

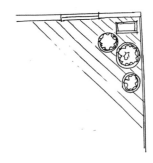

方式 2:
小型水景

　　窗台前布置小型水景，能湿润空气，推开窗户，便能感受清新的空气。水景用天然的石头、卵石等组合而成，自然而有趣，增加地埋灯，不仅使夜景更有吸引力，还可营造出有情调的氛围。

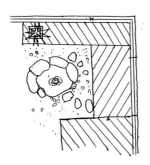

窗台前的小型水景

方式 3:
花箱组合

　　窗台前摆放花箱是常用的角隅空间装饰方式之一，宜从高到低，或者整齐划一排列，一般靠墙角的绿植最高，靠窗前的绿植最低，一方面修饰墙角和窗台，另一方面不会阻挡视线。

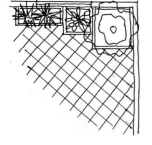

窗前花箱

4. 天井、中庭、阳光角

建筑物之间能照进阳光的夹兄空间（天井）也可以用绿植填满，这种空间一般三面围合，可以通过开窗或者门洞的形式，打造成阳光角，让绿色的景观渗透进民宿室内。

阳光角的植物不宜选用乔木，一方面占用地方，另一方面也不利于植物生长。这种空间，适宜配置多肉植物、沙生植物以及造型盆景等，再结合精致一点的园艺摆件，会让人眼前一亮。

天井

选用易于打理的绿叶小乔木、大灌木作为背景或者遮挡杂乱的设施，视线焦点处布置造型植物搭配景石，是最保险的布置手法。

天井里的绿植能充分吸收阳光

中庭

传统建筑有"四水归堂"的说法，可见中庭不仅有建筑功能，更有文化隐喻功能。因此，中庭宜采用中轴对称式布置绿植。

中庭往往是建筑的中心

阳光角

阳光角的植物不宜过大，且要方便打理，水生植物及造型盆景会成为不错的点睛之笔。

花园角落也可以绿意盎然

5. 入口两侧

民宿建筑入口两侧的狭小空间，可以通过增加垂直的花架打造优美景致，既不占太多空间，又能增强入口的仪式感。

以花草为主景，亦可放置花钵和长椅，丰富门口的立面，给人温暖、灵动的感觉。

不对称式入口造景

方式 1：
不对称均衡式

入口景观需要给人和谐统一的观感，采用不对称式的布局方式，需要兼顾入口两侧景物的均衡感。如左侧"花拱门＋花钵"，则右侧"长椅＋组合盆栽"形成视觉上的均衡。

对称式入口造景

方式 2：
对称均衡式

采用对称式布局时，两侧分别设置攀援花架。为了避免呆板，左右布置植物的组合方式不一，但要注意基调植物的统一，搭配呼应。

6. 空白的围墙

　　用作遮挡的围墙通常面积比较大，从成本出发，不宜大费周章去处理，既然是整个花园的背景支撑，就让它安安静静地当好一个背景即可。

　　美化民宿围墙，注意选择合适的材料和肌理，可以形成移步换景的景观效果，提高民宿格调。沿着墙角搭建攀爬架，种植攀援开花植物，让绿植慢慢爬满围墙，形成"花墙"。或者种植攀援的蔬菜水果，增添花园四季的景致变化。

　　有绘画天赋的民宿主人，在户外墙面画上一幅壁画也很不错，简单、经济，同时也是一个值得在微博和"小红书"上发布照片的地方。

　　垂直绿化常见植物选择如下图所示：

攀援类 　　　　　　　　　　下垂类

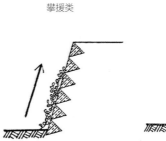 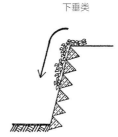

薜荔、常春藤、爬山虎、藤本八仙花、小薜荔、珍珠莲、蔓生凌霄 　　　石竹类、素馨、常春藤类、松叶菊、珍珠菜类、岩垂草、蔓长春藤、蟛蜞菊、匍匐福禄考

悬挂类 　　　　　　　　　　附着类

偃柏类、平枝栒子类、单叶蔓荆、胡枝子类、连翘、迎春、火棘 　　　向阳地为松叶菊、景天类，背阳地为虎耳草、四季秋海棠

墙面攀爬架

方式 1：
墙面攀爬架

　　沿墙面搭配攀爬架，再种植几株藤蔓植物，或常绿，或开花，可以美化空白的墙面。

方式 2：
窗边攀爬架

　　窗户边的空白墙面，也可利用芳香植物进行点缀，推开窗户，花香气息扑鼻而来，沁人心脾。

窗边攀爬架

植物组团的高差，也可以通过围墙来衬托

涂鸦的墙面，也能营造某种主题氛围

壁画主题可以结合民宿定位